U0910975

为自己活一次

①

[美] 刘墉 著

天津出版传媒集团
天津人民出版社

图书在版编目（CIP）数据

为自己活一次：全三册 /（美）刘墉著. -- 天津：天津人民出版社，2023.6
ISBN 978-7-201-19338-0

Ⅰ. ①为… Ⅱ. ①刘… Ⅲ. ①人生哲学—通俗读物 Ⅳ. ① B821-49

中国国家版本馆 CIP 数据核字 (2023) 第 072499 号

经刘墉授权在中国大陆地区独家出版发行

为自己活一次：全三册
WEI ZIJI HUO YICI : QUAN SAN CE

出　　版　天津人民出版社
出 版 人　刘　庆
地　　址　天津市和平区西康路 35 号康岳大厦
邮政编码　300051
邮购电话（022）23332469
电子信箱　reader@tjrmcbs.com

责任编辑　岳　勇
封面设计　吴黛君

制版印刷　大厂回族自治县德诚印务有限公司
经　　销　新华书店
开　　本　787 毫米 ×1092 毫米　1/32
印　　张　20
字　　数　270 千字
版次印次　2023 年 6 月第 1 版　2023 年 6 月第 1 次印刷
定　　价　90.00 元（全三册）

自序

1973年，也是跨出大学校门的第一年，我应中国台湾某电视公司的邀请，主持一个益智节目——《分秒必争》。为了使节目有变化，我在每集节目的一开始，都说一段自己写的开场白，内容包含很广，由文学、哲学、艺术乃至身边小故事引起的触动，都化为几十字到两三百字的短文。

就因为“它”是个开场白，又放在电视播出，所以文辞都很平实，没有高深的理论，却有思想的空间。未料节目播出之后，这些短文居然引起热烈的反响，许多听众催促我出版。

由于没有把握，第一版只印了几千本，没想到不到一个月便售罄，于是二版、三版……一直印下来，也一集又一集地写下来，竟然卖了七八十版，卖到今天，且推展到祖国大陆。

我常想，为什么这本小书能引起那么大的共鸣。是因为它平实、平淡、平凡，于是能打动每个人的心，还是因为我写作时不过二十三四岁，许多灵感都得自高中、大学时的所思所学，以至于特别受学生的喜爱？

一直到今天，许多四十出头的朋友，都会跟我提到这本书，说是当年他们用来“抄在周记上”的好材料；也有人说其中某一段，曾经改变他的整个人生呢。他们甚至把书交给自己的孩子，那些孩子又成为我忠实的读者。

多么美好的一段缘啊！结了一代又一代，说不定继续结下去，还能传给我们的孙子孙女呢。这岂是我当年信手拈来时，所能想到的？

这本书里的文章，当年由于在电视上播出，所以取名为《萤窗小语》，前后十年，共写了七集。它是我的处女作，也是我的成名作，更是为我开了一扇门，使我走出去，而后我继续写了《点一盏心灯》《超越自己》《创造自己》《肯定自己》等许多散文和小说。

1996 年，当我被台湾金石堂选为十年来台湾地区最畅销作家，接受记者访问时，我拿出了一个最早的版本，告诉记者们：如果当年没有“这本小东西”，可能就没有今天“作家的我”。

小小一本书，拿在手上很轻，当时的印刷简陋，看上去也不起眼，但我内心却有着千万种情怀。感谢上苍冥冥中的安排，感谢读者的爱护，感谢家人的支持。

《萤窗小语》四至七集，已先在中国大陆出版，且畅销了数十万本，为了避免造成重复的感觉，虽然这本书应该是《萤窗小语》一至三集，但我授权天津华文天下图书有限公司出版时，决定更名为《心灵四季》。

恽寿平说：“春山如笑，夏山如怒，秋山如妆，冬山如睡。”我们的心灵，甚至我们的生命何尝不是如此？如同天真笑面的娃娃，如同勇猛精进的青年，如同丰富华丽的中年，如同悠然恬淡的老人。

希望这本《心灵四季》能带给大家多样的感受，有壮阔也有悠远。更希望这本书能搭起一座桥，把我们的心灵连在一起，发现你的四季，正是我的四季；我的春天，也是你的春天。

刘墉

2011 年元月

序 2

冲破人生的冰河

有一年秋天，看着景物逐渐萧条，我特意去买了两盆常青树，放在窗前。

“能不能让这两棵树，就在盆子里生长？”我问花匠。

“可以！但是冬天一定要在地上挖个洞，把树连盆一起放下去，春天再挖出来。”

我没有照他说的做，觉得那也太没道理了。心想：“我只要按时浇水，又有什么问题？”

只是，冬天还没过完，我的树已经被冰雪冻死。

想了许久，我终于了解——

长在北国的树木，之所以能熬过冬寒，不单因为冬天还有微微的阳光，更由于大地可以供给它们不断的暖意。

花匠教我把花盆种下去，就是为了接受“大地暖意”的保护。

北极虽冷，但在冰山下的水里，鱼儿照样悠游。南极虽冷，但大地的深处，仍然有火山的熔岩滚动。

我们总以为世界的温暖全来自阳光，实际脚下的大地，更有着令人惊讶的热力。

我们常以为外来的帮助最重要，实际发自内心深处的力量，才是使我们熬过冰雪，获得重生的力量。

天没暖，大地先暖，所以有许多花，能钻出冰雪绽放。

人情不暖，内心先暖，所以我们能在乱世，做一剂清流。

在过去两年间，我写了《人生的真相》和《冷眼看人生》，这两本书的内容都是描写人情的冷。现在，我决定写一系列小故事，崭露那由我们心灵深处产生的热力与感动。

因为只有阳光的温暖、冰雪的寒冷与大地的温馨，三者并陈，才能体现真正的人生。

愿每位读者，都能从这些故事中，产生一些感动，从而激发我们内心原有的力量，冲破人生的冰河！

序 3

这一针可能很痛，可能引起发烧，可能使你有些退缩而畏惧。但是横在你眼前，充满疫病的社会，却是你不得不跨入的。

一针很痛的疫苗

我是个爱跟孩子说故事的人。

孩子读小学的时候，我为他说《萤窗小语》里青蛙老虎的童话故事。

孩子念中学的时候，我为他说《点一盏心灯》里带有禅玄趣味的寓言故事。

孩子上大学，我为他说《人生的真相》里剖析人性的社会写实故事。

过去，我常陪他一块看《老夫子》漫画。

现在，我常把报纸摊在地上，教他怎么从字里行间，看野心家如何巧妙地为自己铺路，以及记者在新闻中所做的暗示。

我甚至把前后相隔几个月的报纸，一起打开来，让他看其中不容易为人察觉的微妙变化。

我常想起，以前主持电视节目时，导播说的一段话——“如果你发现原来从左边拍你的摄影机，上面的红灯灭了，而右边的机器亮起来，表示导播转换了取景的方向。这时候，你先别急着把头立刻转向右边，那样会看起来太唐突、不自然。你可以先低一下头，在抬起脸的瞬间，把面孔改为向右……”

我现在，就常常为孩子分析：“你看！在这儿，某人低了一下头！”

此外，为了抓住重点，我也把真实的事情改编，浓缩成有趣的小故事，在餐桌上或旅途中为他讲述。那些故事常是辛辣恐怖，甚至血淋淋的，但我仍然坚持说给他听。道理很简单：

我的父亲早逝，学校老师又常只教圣贤书，过去没有人说血淋淋的故事给我听，我只好从踏出校门之后，自己“血淋淋”地经历了许多。

我为什么不让自己的孩子，在进入社会之前，先打一剂预防针呢？

是的！这一针可能很痛，可能引起发烧，可能使他有些退缩而畏惧。但是横在他眼前，充满风险的社会，却是他不得不跨入的。

这一针，正是为了使他能勇敢地面对未来，甚至去改造亟待改变的社会。

“人若不能欣赏悲剧的美，就无法在精神上建立起来。”

大学时，一位教授说的这句话，常在我耳边。我更把它引申为：幼年时，我们要看喜剧，憧憬快乐的人生。

青年时，我们要欣赏悲剧，磨炼脆弱的灵魂。

中年时，我们要看悲喜剧，在悲中找喜、苦中作乐！

老年时，我们要欣赏默剧，于沉寂中感悟人生。

正因此，对上大学的孩子，我说的故事，充满了悲剧和悲喜剧。其中的人物角色，总是善中有恶、丑中有美。

我对他说：“小时候，你只看一个‘点’。

“然后，学会把许多点，连成‘线’。

“而今，则将线移动，成为‘面’。但那可能只是平面，你也只是用自己心中的那把‘直尺’，衡量平面的世界。

“但我希望你能把面相互组合，成为‘体’！由不同的角度，看这个世界。

“要很客观，用冷眼看人生！

“这样，当你遭遇挫折，上了大当，就不会过度地沮丧，因为你知道——丑恶也是真实人生的一部分。”

当然，如同我前面所说，注射疫苗的目的，是积极地面对人生。虽然在我的小故事中，呈现了各种丑恶的人性，但它的目的，不在扬恶，而是防恶。套用一句中国的古话：

“害人之心不可有，防人之心不可无！”

相信这些故事，对于刚刚步入社会的年轻人，应该很有警示的功能。

这些小故事包含的范围很广，政治、商业、学术、艺术、家庭、人伦等都有涉及。其中比较温和而适于学生阅读的，已经整理为《人生的真相》出版，本书则是较为讽刺的一部分。它绝不等于《超越自己》《创造自己》《肯定自己》那些“纯励志书”，所以希望我的学生读者，能在师长的辅导下阅读，以免因为自己不够稳定，而滋生负面的影响，这与“在身体健康的条件下，才能注射疫苗”的道理是一样的。

至于已涉世较深的读者，相信读到这些故事，一定能有“会心的一笑”，看出我在顽皮的文字背后，真正想要针砭的东西。

请多看几遍。

因为人生的风景，需要我们用热心、以冷眼，横看成岭侧成峰！

修订版前言

从《萤窗小语》第一集出版到现在，已经整整十七年了，虽然其间，我由中学老师，到电视记者，再赴美讲学、留校任教，生活上有了许多变化，但是十七年后的今天，重新展读这本自己的处女作，仍然有着浓浓的亲切感，因为它把我带回过去的岁月，也重温了当年自己的理想；它是我二十六岁之前思想的集合，反映了一个初入社会年轻人的抱负与冲力，虽然文笔不够洗练，但是其中跳跃的年轻活力，却深深激荡着今天的我。

十七年前的《萤窗小语》第一集，是在非常偶然的情况下出书的，当时那些短文只是我为自己主持的电视益智节目——《分秒必争》写的开场白，由于朋友的怂恿，而试印了几千本，也正因为那些短文都曾于荧幕上播出，并是我在深夜的窗前写成，所以定名为《萤窗小语》。

没想到这如萤火般小小的书，竟然如此深受读者的欢迎，一版再版地到现在，连我自己都弄不清总共出了几十版，而最重要的是：它鼓舞我继续写作，使我立下写十本的心愿。十七年下来，《萤窗小语》出到了第七集，并续写成《点一盏心灯》《超越自己》《创造自己》。虽然内容像阶梯丛书般地逐渐增深，但是读者的热情丝毫未减，尤其令我感动的是许多当年《萤窗小语》第一集的小读者，现在已经成家立业，仍然继续爱护这本书。

如果说《萤窗小语》是成功的，或许是因为它是一本年轻人写给年轻人看的书。记得我小时候，曾经跟着母亲去探望一位病重的老人，老人对我说：“何必那么勤苦地念书、工作呢？生命一下子就过去了！”她的话当时使我非常感动，那清癯的面孔，直到现在仍常常清晰地映入我的眼帘，但是经过我长时间的思索、反省，发觉她给我的，只是一个垂危老者的生命观，对她而言，诚然不错，却不能让一个孩子接受。同样的道理，我发觉师长们经常正是以他们自己的“人生观”和“价值观”来灌输下一代，岂知年轻人是要有“年轻的”人生观的，所以今天重校《萤窗小语》一、二、三集，尽管其中有些想法，与现在的我已有差距，但我仍好好地将它保存，因为它有着年轻的“精神”，适于青少年朋友阅读。

《萤窗小语》一、二、三集的修订，是我在多年前就决定要做的，一方面因为经过数十版的印刷，以致有版面模糊的情况；另一方面由于其中大部分文章是为节目开场白而写，碍于节目时间的限制，常有“未能尽言”的情况；此外，文句修辞有许多待改进的地方，也是不得不修订重编的原因。没想到原本认为两个月就能结束的工作，竟然斟酌损益、推敲修改，拖了一年多才完成，而今整个统计起来，居然四分之三的文章都有了或多或少的改动，不合时宜的全部删除，四十多篇做了大幅度的增减，其中更有二十一篇经过完全的改写，当然因为《萤窗小语》是阶梯式的书，而一、二、三集最为基础，所以即使全篇改动，我仍然保持其平易近人的原则。

在《萤窗小语》第三集里，我曾说：“文章写完不要急着发表，而当收起来，隔一阵子再看。因为创作时太过主观，常难于自见，只有当心情冷静之后，才能看出其中的错误。”希望这本当年仓促发表，似嫌青涩的作品，经历十七年之后的重新检讨、修订，果真能够趋近于成熟蕴藉，供您品尝、回味。

刘墉

1989 年冬月于纽约圣约翰大学

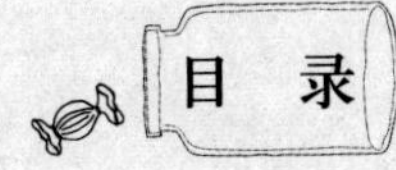
目 录

弄虚作假 _111

人情冷暖当自知 _159

众人同心其利断金 _269

爱是永恒的挂念 _323

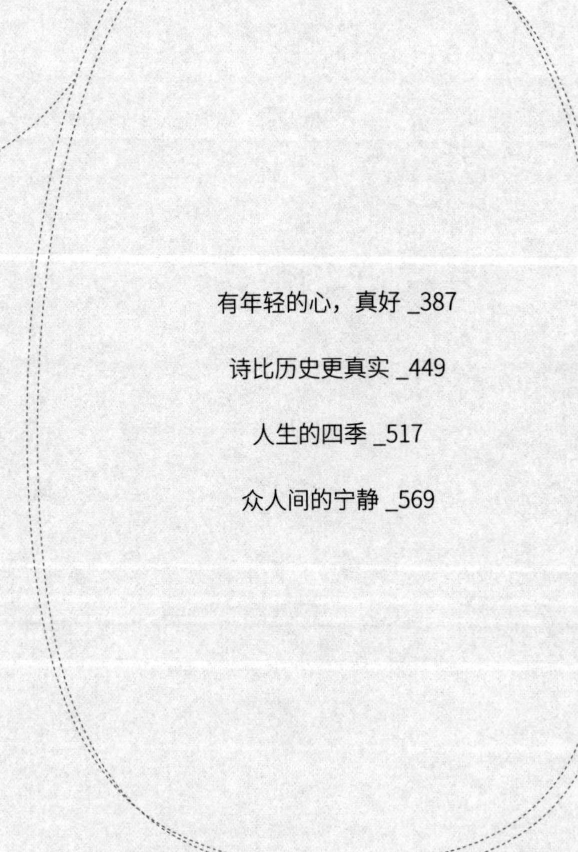

为自己活一次

话要好好听

为自己活一次

豆腐西施

最近连上弟兄谈论的话题，除了“豆腐西施”还是“豆腐西施”。

隔山村子里来了个美若天仙的豆腐西施，她家卖豆腐，这位年方二八的豆腐西施，也就像豆腐那么白、那样嫩！

这消息已经弄不清是谁先传出的，只是一传十、十传百。每个周末，都有弟兄放弃眼前可以进城的出租车，宁愿翻过营区后面的山头，去看豆腐西施。

每个人回来，手里都提着一包豆腐泡，每到星期一，也就人人有豆腐泡吃。

西施豆腐坊

买豆腐泡，而不买豆腐是有道理的：

第一，既然已经吃足了豆腐西施的“豆腐”，又何必再带回来给别人享用？

第二，那座山可真难爬，虽不怎么高，却没路。有一段大斜坡，非得手脚并用、往上爬，否则就会向下滑。如果买了豆腐，回来不成豆花才怪呢！

“太值得了！太值得了！”每个滚了一身黄泥的弟兄，还没进门就大声喊着。那些已经去过的弟兄，也就齐声附和：“不错吧！后悔没早去吧！再下去，只怕豆腐西施嫁了，就没豆腐吃啰！”

几乎全连的弟兄都去过了，连排长也向豆腐西施请了安，并且回来竖了大拇指。硬是不信邪的小邱、小赵终于动了心。

一大早，两人就换上最拉风的便装，在全连弟兄的祝福下上路。

“保证你们不会失望！”弟兄们喊着。

他们刚爬上山顶，就突然飘来一朵乌云，噼里啪啦地赏了几记闪电，再浇了盆水下来，他们连滚带爬地滑到山脚，已经成了泥人。

两人先向村民借了几盆井水冲洗干净，将衣服搓了搓，湿着穿上身，又用手指梳了梳头，才走进街道。果然不远处有个豆腐铺子。

“买豆腐泡？”两人还没开口，老板就先说了，“我给你们叫豆腐西施出来！”

“不用叫，我来了！”一串拖着木屐的响声传来，里头蹿出个大丫头，大花裙下一双大脚丫子，上衣是中美合作面粉袋缝的大汗衫，大白脸、大红嘴唇，除了爆炸头，活像唱“武家坡”的。往柜台前一站，更了不得，足比小邱、小赵高一个头。

两人落荒逃出村子，爬上稀泥山，再滑下大土坡，回到部队，又成了泥人。

还没进营房，两人就喊：

“太美了！太美了！值得花一回票价，不去真是要后悔！”

据说剩下的几个死硬派，包括连长在内，听小邱、小赵都说好，也决定下星期去了……

拜山头

艺术系一年一度的画展就要举行了，三四个月前，系里的毕业生便摩拳擦掌，准备好好表现一番。有人搬出学校宿舍，在外租房，以便安心作画；有人请病假，却飞到外岛写生；有人聘请私人裸体模特儿，摆出理想的姿势……

这也不能怪学生，因为得奖的诱惑实在太大了！尤其是各项的第一名，非但能得到奖学金，而且有政府要员颁的奖状，那荣衔足够顶在头上一辈子。

今年系展，最紧张的学生要算是小赵了，因为同班两位劲敌，实力都不在他之下。为此，小赵已经构思了十个月，除了得自写生的灵感，更融合了系中“两大山头”的笔法。

是的，“两大山头”！也就是在评审时嗓门儿最大的两位教授，每次评审都可以听见他们为第一名该给谁而争执不下的吼声。

小赵的作品刚完成，就呈给了山头之一，岂知教授才瞄半眼就摇了头:“瀑布怎能放在右边？应该改到左边来！”

小赵立刻回去改了，又拿给另一位山头，对方居然也叫了起来:“天哪！瀑布怎能放在左边，快快快！移到右边去！”

评审会议终于举行了，会场大门紧闭，学生们浑身冒汗地等在门口，反常的是，里面出奇地平静。

山头之一推门出来，小赵趋前请安，对方居然大叹一口气:“叫你把瀑布向左移，你怎么不多移一点呢？”

接着另一山头也冲了出来，没等小赵开口，劈头就骂：“我知道你听话把瀑布向右移，可也不能移那么一点哪！”

同学纷纷问小赵：“你怎么画的？”

答案使所有的学生都大吃一惊，因为小赵把瀑布放在了画面的正中央，这是构图的忌讳啊！

“为了得奖，有什么办法？”小赵十分冷静。

“问题是，你不可能得奖了！”同学们异口同声地说。

小赵不语。获奖名单公布，他拿了第一名。

可乐反高潮

爬完司马台长城的烽火台，赵太太的命去了半条，她眼冒金星、心跳加速。尤其难受的是在这个荒僻的地方，一直撑到山脚，才买到一罐可乐。

真是救命甘霖哪！赵太太仰头猛灌。眼角余光看到人影，原来是个八九岁大的小男孩，正眼巴巴地望着自己。

赵太太可以感觉到那孩子正在偷偷咽口水，她突然喝不下去了，想到家里的儿子，也是这个年岁，每天一瓶又一瓶的可乐往下灌。

而眼前这个孩子，衣衫褴褛、面色蜡黄，甚至头发都干枯得如同稻草，他恐怕连一口可乐也不曾尝过吧！

想到这儿，赵太太哽咽了，撇过含泪的脸，把剩下的大半罐可乐递给了这个可怜的孩子。

“神气什么？连正眼都没有！”没想到那孩子居然把罐子倒过来，将可乐洒了一地，“我才不要喝你的臭口水，我是要这个铝罐！”

掳照勒赎

名歌星被绑架的新闻惊动了所有人。并非是绑架这件事引人注目，因为不过几小时，绑匪就放了人，又过十多个钟头，绑匪便落了网。

真正引人议论的是名歌星被拍下的裸照。

“照片会不会流到市面上啊！”

“名歌星的演唱生涯会不会就此结束？”

开庭时，法院里挤满了记者和好奇的民众。

“被告虽然将人质释放，但已经行了绑架之实。而且再以胁迫拍摄的裸照，向被害人勒赎，威胁如果不付赎金，就把照片公开，以破坏被害人之名誉。”

检察官义正词严地呼吁，“名誉是人的第二生命，所以掳照勒赎，应该视同掳人勒赎，请庭上从重量刑，以儆效尤！”

轮到被告的辩护律师发言，他缓缓起立，面带微笑：

“让我们了解一下整个案发的过程！首先被告在要求被害人脱衣服的时候，先关了灯，使被害人在不尴尬的情况下脱光衣服，如同艺术家对待裸体模特儿一样，表示被告有‘羞恶之心’；拍照完毕，被告又立刻拿衣服为被害人披上，免得着凉，显示被告有‘不忍之心’！最后，当被告把被害人带到市区放下车时，还问对方有没有钱坐出租车，更证明被告有‘恻隐之心’！尤其重要的是，名誉固然被称为人的第二生命，但第二生命毕竟不是第一生命啊！”

旁听席上一片耳语，许多人都暗自为这位辩护律师竖起大拇指。倒是年老的法官，慢慢抬起眼皮，又点点头，露出一抹笑意：

“说得好！说得好！只是早上我看报纸，知道今天‘中山堂’举行好人好事表扬大会，不知律师先生是否走错了地方？”

谁有外遇

“了不得啦！了不得啦！”星期一才进办公室，侯小姐就失火似的，“王小姐的先生有了外遇！我昨天下午亲眼看见，在国兴饭店门口，王小姐的先生带着女朋友上了出租车，搂得可真紧呢！”

“你有没有过去打个招呼？依你侯小姐的脾气，至少也得喊一声吧！”

“可惜的就在这儿！我在街对面，中间的车子一大堆，就算叫他也听不到，等我冲过街，他早上车走了，只怕是去……”

“你别又造谣了！国兴饭店前面马路那么宽，你怎么可能看得清楚？”

“绝对没错！”侯小姐一挤眼，“我啊！还怕不确定，立刻拨了个电话给王小姐，她自己接的！”

大伙全站了起来。

“不过我没敢说话，立刻挂上。笑死了！笑死了！”

“笑什么啊？”王小姐推门进来。大家全怔了一下，各自坐下，直伸舌头。

还是侯小姐胆子大：

“我是说昨天下午在国兴饭店门口看见你先生，带了个小姐上出租车。”眼睛一转：“那个小姐我离得远，看不清楚，好像挺漂亮的，是不是你呀？”

“是啊！你既然看到我，为什么不过来打个招呼呢？”

一鼻子灰

某人等公共汽车，车子许久不来，便闲步走到骑楼[1]下，端详银楼[2]橱窗里的金饰。

“把你的鼻子拿开，不要弄脏了我的玻璃，你赔不起的！”看到某人破旧的衣衫，店主趾高气扬地走出来。

“你怎么知道我不是想买呢？”某人受到侮辱而反击。

---

[1] 商业步行长廊。

[2] 金银首饰店。

“你买得起吗？”

“当然买得起，只是我现在不买了！”

“不买就滚！”

某人惹一鼻子灰地走回站牌，车子还是不来，他便又步向骑楼边。突然看见一个可爱的孩子，从银楼里跑出来，且对着他笑。某人回笑，孩子就笑得更可爱了。

“小弟弟叫什么名字啊？”某人蹲下身，对孩子扮了个鬼脸，想逗孩子开心。

孩子却哇的一声哭了起来。

银楼老板和老板娘听到哭声，飞也似的冲出来，一把将某人推得倒退三步：“怎么，你想报复啊，还是要绑架？”

“我只是觉得他可爱，逗逗他玩！”某人说。

“算了吧！逗他？他为什么哭？”老板娘抱起孩子，对某人吼，“幸亏我的孩子机灵，不然真被你绑票了！”

等车的人们也不明就里地交头接耳：“可不是吗？跟他爸爸不愉快，也犯不着拿孩子出气呀！”

车子终于来了。

为自己活一次

造化弄人

为自己活一次

最后一班船

远处的天空已经红了，而人们的眼睛更红。

轰轰的炮声震人心魄，哭喊的声音，更令人心惊。

所有的船都开走了，只剩下一艘升火待发。船长的胆子不小，胃口更不小，他知道多等一刻，就可以多赚一票。

船与码头保持了三米的距离，聪明的船长知道，靠得越近越危险，成百上千的难民随时可能跳上来。

船与码头之间，只架了一条窄窄的木板，这样最安全！船上讲明不准带行李，你要是带了，身体不平衡，自己就会跌下去。

当然你可以带黄金、美钞，并在走到木板一半的时候，伸长手把钱上缴。船长如果满意，你可以继续走。否则，你退回去；再不然一篙把你打下水。

烟囱喷得更凶了，人们的心跳得更狂了，船舱里早就挤满了人，甲板上更是坐了一大群。

“快开船哪！来不及啦！不能再上了！”船上的乘客猛喊。

“别开呀！还有我啊！我有很多金子！”一个妇人左手举着首饰，右手抱着孩子，颤悠悠地走上木板。

船长接过首饰，瞄了一眼：“只够一个人！”

妇人转身，凄惨地一笑，把孩子扔给码头边的丈夫，又一扭身，冲上船。

轰隆，一发炮弹落在不远处，群众惨叫着四处逃窜。

木板被抽走，船身开始移动。

轰隆、轰隆，炮弹又连着爆炸，许多人扭头、跑向码头边，拼命扑向三米外的船上。

他们不可能跳上去，但有不少人抓住了船的边缘，于是更多人扑过去。

“把他们打下去！”船长大喊。甲板上的人一起拥到船边，对着那些紧紧攀住的手，踢、打、踩、咬……

突然间，船身倾斜，整个翻了过来，许多人还来不及喊，就被扣在水底。

当战事结束，许多在码头等船的生还者，带着会潜水的朋友过去打捞，因为只有他们知道翻船的确切位置。

据说收获不错呢！

谁是我亲娘

小蕙不能再等了，她头晕呕吐、全身浮肿，眼眶因为肿大，只剩下两个小小的“眼洞”，从那洞里不断流出的，是泪水，是怨恨与乞求交杂的眼神。

她恨自己的父亲，虽然父亲对她这个独生女是那么疼爱，可就是父亲的肾功能不好。小蕙常想：“为什么把坏的都遗传给我了呢？又为什么不遗传妈妈那部分？妈妈的身体比谁都健康。”

想到这儿，她也开始恨妈妈：“为什么我每次向你露出乞求的眼神，你就把头垂下去，不断地哭？而当我终于开口求你给我一个肾的时候，你居然哀号着冲出门去。”

家里还有一个伤心人，是小蕙的奶奶。她把小蕙从襁褓带到今天，为小蕙洗衣服、烧饭，还教小蕙念书。甚至考大专考试，都是奶奶陪着，临阵磨枪地帮她复习英文。小蕙虽然常嫌奶奶啰唆，但内心里却觉得奶奶比亲娘还亲。

可不是吗？亲生母亲不愿意捐肾，奶奶居然哭着说她愿意。但被医生一口回绝：“除了健康的血亲，我能接受，因为排异性小；别人捐，我不做！何必要活人牺牲？还是等死人捐好了！”

只是竟然连一个死人的肾都得不到，小蕙的情况越来越危急了。

父亲、母亲、奶奶和医生，今天举行了紧急会议，小蕙已经有些昏迷，听不清他们说什么，只听到两个女人在哭。

小蕙张开眼睛时，看见奶奶躺在旁边的病床上，

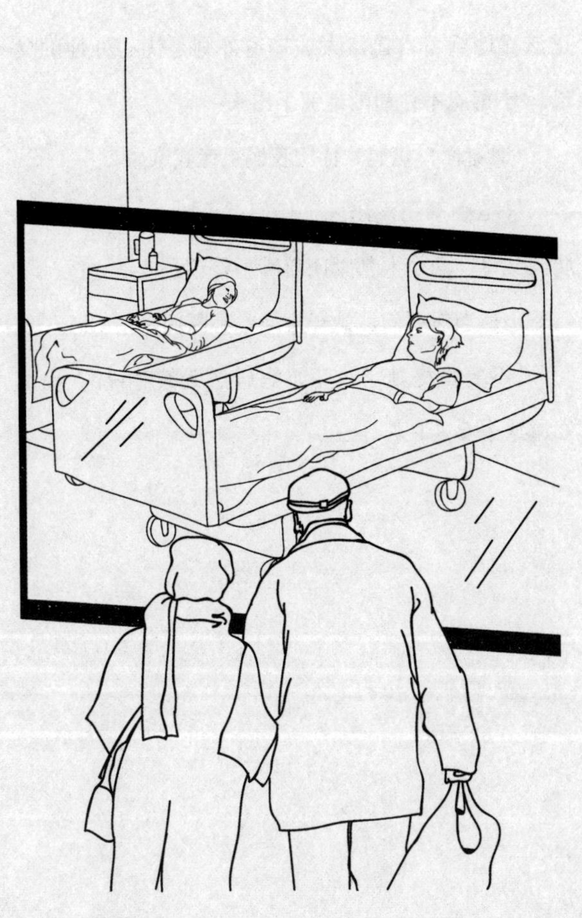

正慈祥地望着自己，大玻璃窗外则是忧心忡忡的父母。小蕙忍不住崩溃地哭了出来：

“谢谢你！奶妈！你比我妈更像我亲娘！”

只是小蕙还没出院，奶妈就不见了。每次小蕙质问父母，两个人都紧闭着嘴不答话。

小蕙当然要问，她一直问、不断问。

“不要再提她了！”妈妈居然哭喊着说，“我不知道这个女人！”

最后的信用

收到信用卡公司寄来的圣诞卡，萝丝太太一点也不惊讶。因为她已经成为模范的大客户，不但有三十年的“持卡经历”，近几个月，每月消费额在一万美元以上，而且都在隔月把钱付清。

简单地说，萝丝太太是最有信用的大客户，怪不得上个月公司主动提高她的消费额度到两万美元。

萝丝太太果然不负所望，先持卡向银行调现了五千美元，参加了加勒比海豪华邮轮旅行，到大西洋赌城狠狠玩了几把，去公园大道的法国餐馆吃了两顿，又去蒂芙尼买了一只钻石戒指。

她完成了许多年轻时未能实现的美梦，尤其是钻戒，萝丝从结婚时就吵着要，可是到丈夫过世都没能实现，直到今天。

只可惜钻石并不大，因为萝丝太太的信用卡额度已经花光了，珠宝公司还是在查过她的信用之后，才卖给她的。

“幸亏没查我的银行存款，否则就麻烦了！”萝丝心想。因为上个月提光存款之后，她就取清了户头。

萝丝把信用卡公司的圣诞卡举到眼前，笑了笑。她没有亲人、没有朋友，这是她收到的唯一的圣诞卡。只是日渐狭窄的“视野”，使她已经很难一眼看清卡上的字。

萝丝知道自己的脑瘤，已经到了末期……

换个人采访

新进记者麦可，第一天采访就遇见了怪事。

开完记者会，导演突然偷偷塞了一包东西在麦可的口袋，麦可一看是钱，赶紧挡了回去。没想到上车后，导演把钱扔进了车窗，而司机居然不听麦可喊停车，急忙开上马路。

“拉拉扯扯不好看！”司机解释，摄影记者也跟着点头。

这怎么好？麦可急得一进公司就向经理报告，并把钱呈了上去。没两天公布栏贴出记功的告示，嘉奖麦可临财不苟的清廉，办公室人人都向麦可道喜，甚至可以看到嫉妒的眼光。

尤其令人嫉妒的是这种行贿事件，接二连三地发生。有一次到外埠采访，某歌星的妈妈，居然半夜敲门，把钱从门缝塞进来，又像贼似的飞奔而去。

采访组长终于说话了："以前我和查理跑影剧，都没这种事，现在这事为什么老发生在你身上，你自己也要检讨，从今以后换亨利跑影剧！"

果然行贿事件从此不再发生，办公室又恢复了往日的平静……

新生的代价

这是一个经济急速衰退的国家，人们为了生存，拿出一切可卖的东西，东西卖完了，只好卖自己。

于是，能看到旅馆的行李堆中，摆满了当地的古董；大腹便便的观光客，搂着当地的少女；更惊人的是许多戴墨镜、拿白色手杖入境的客人，不久之后，目光炯炯地离境。

形容憔悴却满袋钞票的人，一批批赶来，他们在自己的国家已经等不到希望，在这里却可以找到新生。

当然，那“新生”是在地下市场出售的，为了让整个身体活下去，人们居然出售自己“活着的器官”。

更可恨的是有些先进国家的医生，甚至懒得陪病人到这里来，而安排器官的卖主自己送上门。他们出钱、出机票、安排旅馆，甚至安排观光。

黑幕终于被记者揭穿——

“一位妇人为了救她车祸昏迷的孩子，接受医生的条件，带孩子赶到先进国家。孩子住院治疗，妇人则卖出自己的一个肾。”

法院开庭了，挤满的愤怒的民众，要求法官判医生和买肾的人谋杀。

少了一个肾的妇人，满面泪水地走进法庭。移植一个肾而活下来的病人，默默低头进场。妇人已经康复的孩子，跑步冲过去：

“凶手！还我母亲的肾！”

时不我予

“不是我嫉妒周科长修学位，实在是自从他去读博士后，就把公司丢在一边，尤其是最近写论文，上班也等于没上，再这样下去，整个公司都会被拖垮！”小孙最近逢人就这样抱怨。

他说得一点没错，而且要不是小孙把周科长的烂摊子一手接过来，每天加班为周科长补破洞，公司真是早出问题了。

总经理也察觉了事情不妙，主动找小孙谈话，并计划采取行动。偏偏这时周科长的学位拿到了。

当大蛋糕搬进公司时，再不满意的人，也都过去道贺。全公司唯一的博士啊！何况，当天晚上周科长就开始加班，没多久便上了轨道。

正因此，周科长升官，没有人表示异议，堂堂大博士，只做科长，太委屈了！

接科长位子的，当然应该是曾经救公司一命的小孙，只是人事命令迟未发布，小孙突然自己请辞了。

小孙抱着纸箱走出办公室时，大家都装作很忙的样子，慌慌张张地打个招呼，便低下头去。

只有总经理追到门口，为小孙拦了辆出租车，并在走回办公室后，耸了耸肩、摊了摊手，却什么也没说。

不爱吃剩菜

丈夫自从有了外遇，回家就总是找碴儿。不是怪菜做得太咸太淡，就是怨家里的灰尘太多，惹得他气喘，而宁愿住在外面。

“天知道跟谁一起住！”太太心想，但是不查也不问，“我要是查出来，跟他闹，就中了他的圈套。”每次有朋友告密，太太都这么回答。

没想到丈夫变本加厉，当面摊了牌：“何必呢？这样耗下去，彼此都不痛快！”两份已经签了名的离婚协议书摔在桌上。

“不痛快，就不痛快！我何必让那个女人痛快？”

太太冷静地说，“她想抢，我就不让！要她做一辈子黑市！”

这样拖了一年多，第三者终于不堪等待而出国，并且嫁给了别人。

丈夫悔悟了，垂头丧气地回到太太身边：“我错了！”

“你没错！”太太把原来的离婚协议书，签好名，塞一份在丈夫手上，“我已经去民政部门登记了！”

丈夫怔住。

“别人不要的，我为什么要？”太太一笑，“你知道，我从来不爱吃剩菜！”

无心插柳

“二楼要开赌场了！”

仿佛晴天霹雳，这消息马上传遍了整座大厦。

管理委员会召开紧急会议，找来二楼的房东质问：

“你是不是把房子租给了赌场？你要知道这是纯居民大楼，怎么能这样做呢？”

“你们可以不准我这么做，但你们是不是能帮我找一个付这么高租金的房客？”

大家沉默了，又找来管理员，叮嘱他务必阻止赌场挂招牌。

“我怕挨打，所以他们挂的时候，请各位出来撑个腰。”管理员央求。

没有人出面。

于是大大的招牌挂上了。

从二楼楼梯、大厅，直通门口的红地毯铺起来了。

由门口到街边的遮雨棚，高高地架起了。棚子四周更是挂上了七彩的小灯，一直延伸进大厅。

住户们全冒火了：

“这简直把我们整栋大楼都变成他的了！”

“我女儿每天出入，同学看到，还以为她在夜总会上班呢！”

“赌场既然违法，我们就去检举。”

警察来了，抓个正着！几十台“吃角子老虎”[1]被抬出去，当天霓虹小灯就都不亮了。

[1] 角子机，又称老虎机，是一种赌博机器。

住户个个雀跃。只是没两天，小灯又亮了，老板没换，换了店名，换了一块更大的招牌，赌场又重新开张。

这次他们连警察也不怕了。因为大厅里装了闭路电视摄影机，二十四小时由赌场监控，警察才露头，里面就“应变”。

不过大概是因为新装的赌博机器，不如以前刺激，四处又开了许多“柏青哥”[1]，吸走不少顾客，这小赌场没多久，竟自己歇业了。

大楼又恢复了往日的平静。

倒是每当风雨天，住户们在路边上下车时，居然会暗暗感谢那赌场装的遮雨棚。

更有人提议买下赌场装的那套闭路摄影机，因为自从装了这东西，大楼里连小偷都不敢来了。

---

[1] 弹珠游戏机。

父与女

怀特医生放下电话，就急急地冲出诊所，老病人没有一个抱怨，只是摇头：

“他那个宝贝女儿又出事了！不怪这个老爹气急败坏地离开！”

镇上无人不知怀特有个令他头痛的女儿，三天两头因为吸毒打架被抓。老伴早早过世，怀特工作忙，回家只知道用溺爱来补偿，出了错又没头没脑地打骂，这可能也是孩子变坏的原因。

那孩子怕怀特到了极点，有一次被父亲保出来，大概是打骂重了，逃家失踪了十几天，成为社区报纸的头条新闻。

怪不得诊所里的病人，交头接耳地说："这下保出来，又不知道要怎么责罚，可别再上了报！"

大家是猜错也猜对了。

警察没让怀特保女儿出来，却把怀特留在了警察局。

第二，怀特和他的女儿都上了报。

"莎丽控告父亲乱伦　怀特医生面临起诉"

不啻一颗原子弹，在这平静的小镇爆炸了。

"可怜的莎丽和她那变态的老爸住在一个屋檐下，已经过了这么些年的噩梦生涯。"

"五十多岁的中年男人，就带着那么一个十几岁的女儿，又不再婚，根本就是有毛病！"

"只怕怀特的老婆就因为知道乱伦，而被活活气出心脏病死掉！"

"天哪！我们家的丫头都是找怀特看牙，没吃亏吧？"

每个有十几岁丫头的人家，都盯着女儿问："怀特那老色鬼，有没有对你怎么样？"然后在知道没事之后，猛感谢老天。连老头子都少不得问他们的老伴："喂！他没吃你豆腐吧！"

所以怀特虽然因为证据不足，没有被起诉，他的诊所却门可罗雀，只有些大胆的糟老头子偶尔去光顾。

怀特一下子缩小了，当他佝偻着闪过巷口，没有人认得出那是当年雄赳赳的怀特医生。

怀特死了。

他失去联络多年、已经结了婚的女儿，居然知道消息，老远赶到，参加了老爸的丧礼。

当怀特的棺木缓缓垂入墓穴中时，他的女儿尖叫着冲出人群，扑倒在草地上号啕痛哭：

"爹地！爹地！我对不起你！只怪人们宁愿相信我的谎言，也不相信你！"

好处哪能都归你

为自己活一次

老孙挖宝记

离开四十多年，老孙这次回去探亲，真是衣锦还乡，好不风光。他被亲戚前呼后拥，扮演“散财老人”十多天。临行，突然有个侄子半夜求见，还带了个朋友，手上抱了一卷东西。

“这是晚辈的街坊，有样东西想请您老指教指教！”侄子小声说。

便见那朋友神神秘秘地打开东西，原来是张破成好几块的画。大概因为年久了，画面灰灰暗暗的。不过一块块拼起来，倒还挺完整。

“这是唐朝的古画，我们家收藏十几代了……”

“最近我这街坊要娶媳妇，急着用钱！”侄子接过话。

老孙问价钱，吓一跳，赶紧摇了头，嘴里却直叹气，心想：“这么一张古画，要是拿到外面脱手，可有几百倍的赚头，只怪自己回来这阵子，把钱都散得差不多了。”

还是侄子聪明，把老孙拉到隔壁房间悄悄通气：“您不用听他的，他手头紧，急着要钱，您剩下多少？说不定也能成！”

老孙连贴身的小腰包都掏了出来，侄子点点数，摇头沉吟了一下：

“我试试吧！”

老孙真是清洁溜溜了，去的时候两大皮箱，回程只剩个小布包，倒是口袋里塞的那张古画，让他有如枯木逢春，中了奖券似的兴奋。

把画折起来塞在口袋，也是侄子的主意。这种稀世国宝不准出口，要是被抓，最少也得判个五六年，不过想到报纸上常登国际艺术品拍卖，一张中国古画能值几十万美元，老孙的心就怦怦狂跳。

不知道是不是脸上的神色不对，让海关看了出来，把老孙叫到一边搜身。

“这是什么东西？”工作人员说着把老孙藏在上衣口袋的古画掏了出来。

老孙的脸一下子变得惨白。

关员把画摊在桌子上，拼了一阵子，居然重新折好，还给了老孙，笑道:“这么好的东西，不能乱带哟！小心关监牢！”说完，居然把老孙放了。

回到台北，老孙连口气都没喘，就把古画送到裱褙店。

“您看这画怎么样？是不是唐朝的？”老孙喜滋

滋地问。

老板把画一块块拼好，笑笑：“这种东西稀有，我看不出来，不过我得跟您说，破成这个样子，很难裱。好东西又得用好料，价钱少不了！”

“全照您的意思，钱，我不在乎！”老孙哈哈笑道，“这种价值连城的东西，能不好好伺候吗？”

两个星期之后取件，老孙简直不敢相信自己的眼睛。原本破破烂烂的画，现在被接得天衣无缝，加上了三色式的“港绫”、两条垂下的“惊燕”、象牙轴头和粟金的“诗堂”，除了缺几方鉴赏家的题记钤印，简直跟故宫博物院的珍藏一样了。

谈到鉴赏家，老孙突然想起同一栋大楼还住了位名家，赶紧把画带了过去。

名画家先进去洗手，说是怕弄脏了古画。然后正襟危坐，慢慢把画展开，但是才看到上半幅，就又卷了起来：

“只怕您老上了当，这是在一般工艺品店都买得到的仿古假画！”

老孙满脸通红地匆匆告辞，才出门就狠狠骂道：“人人都说真，就你说假。什么名家？根本就是不识货的狗屁！”

过河拆桥

某人在宠物店里买了几尾热带鱼，走到半路，突然发现装鱼的塑料袋漏水，照这样漏下去，不要十分钟，鱼必定会干死。

事不宜迟，他灵机一动，看见路边有个百货公司，立刻冲进去，毫不犹豫地买了个水晶玻璃的宽口瓶，并当场把袋里的鱼倒进去，从从容容地走回家，将鱼移入讲究的大鱼缸。

但是他并没有坐下来欣赏新买的鱼，匆匆忙忙地抓起水晶玻璃瓶往外跑，又回到那家百货公司。

“我要退这瓶子！”他对柜台小姐说。

“为什么呢？”

“因为不合我用。”

“只怕是过河拆桥吧！”柜台小姐十分不高兴地说，“我亲眼看见你把鱼倒进这宽口瓶里！看，里面还有水呢！”

“这瓶子应该是用来做什么的？”退瓶人理直气壮地问。

“装糖果饼干之类的东西。”

“适合用来装鱼吗？”

“不适合！”

“你既然早知道不适合，当初我装鱼时，你为什么不提醒我？”那人理直气壮地说，“既然不适合，我也就当然可以退！”

他果然退了那瓶子，得意地走出门去。剩下百货公司的小姐愣愣地站在那儿。

“你为什么让他退货呢？”有人不平地问。

“因为那瓶子确实不能拿来养鱼。”

“那你当初为什么不告诉他呢？”

“因为我希望卖掉这个瓶子！”

有眼无珠

今天是吴小姐的大日子，因为交往半年多的男朋友，要到家里来玩。

为了这么个男孩子，吴家简直忙成一团，不但屋里来了个大扫除，连外面三层楼的楼梯，吴太太都清洗了一遍。

吴小姐的祖母，更热乎乎地从南部赶上来，打算好好相相这极有可能的——未来的孙女婿。老祖母甚至比孙女还急，早早就坐到路口的堤防上等着。

“奶奶！您又不认识他，怎么等呢？”

“他第一次来，总得找路吧？”老祖母笑着说，

“到咱们这村郊水边来的能有几个？一看就知道了！”

既然奶奶去等，吴小姐倒放心了，帮着母亲在厨房准备。问题是约好的时间已经过了一个钟头，男朋友怎么还不来呢？奶奶也没个影，但天已经黑了。

老人家总算回来了。

“男孩子到了吗？”老祖母一进门就问，“倒霉碰上个小流氓，直盯着我看，我想走下河边躲躲，他居然跟过来，坐在堤防上，想算计我。眼看天黑更危险，我存心跟他拼了，走运的是这时候小流氓也走了。”老祖母直摸胸口。

门铃响了。

“对不起！我迟了。”男孩子没进门就道歉，“因为我看到堤防上有个彷徨的老太婆，一脸灰黑倒霉的样子，直直地走向河边，我怕她寻死，坐在堤防上守了将近一个钟头，直到老太婆打消念头，接着我又找错了巷子……”

大师卖画

自从张大师九十华诞之后，虽然记忆力远不如前，作画却更勤快了。道理很简单——供不应求。

“单凭那是九十岁老人所作，就吉祥。”买画的人奔走相告，“挂在家里，气壮！长寿！”

消息传得愈广，求画的人愈多，价钱自然水涨船高，没半年，已经涨了三倍。这下子，张大师的画就更有投资价值了，别的东西有钱不难买到，但是大师未来还能画得了多少？所以若没有几分关系，就算拿着大把钞票，站在门口等，这辈子怕也轮不上。

所以大师的亲友子弟就都抖擞起来了，有人干脆不上班，每天为人介绍买卖，收入丰厚得多；学生也有许多自己再也不画画，成天求老师画，虽然只能比外人买画便宜一成，算下来也不少。

有时候还没盖章，围在桌边的学生，已经各自抓住那画的一角喊道：

“我先得手，算我的！”

大师则笑吟吟地手一挥：“轮着来！请师母盖章去！”

盖章是师母的专利，尤其重要的是，顺便量一下尺寸，长乘宽，再除以九百平方公分[1]（国画家以三十公分乘三十公分为一“寸”），然后乘以每寸数万元的单价，就是那张画的价钱了。

所以多一寸、少一寸，出入可能就有上万元。有时候，大师只是随意抹几道沙滩，画两条小船，或

[1] 公制长度单位，厘米的旧称。

前面皴个山头，后面点几只飞鸟，其余大部分留着空白不画，表示水面和天空，照样得按尺寸计价。无论多么亲密的关系，都得按这个手续来。也正因此，大师的画愈发寸纸寸金，成为一种可以流通的货币。

虽然看似六亲不认，实际几个乖巧的学生，还是有门路可循，甚至能以对折买到大师的作品，那门道真妙极了：

“老师！求您一张画，纸先为您准备好了，您随便画什么都成。”学生把纸在大师眼前抖那么一下，赶紧又卷了起来，“三尺乘两尺，我这先把钱给您了。”说着点给大师看。

“我瞧那纸不止三尺乘两尺吧！”大师笑。

“是吗？”学生像是一愣，又噗噗地笑了出来，“您看着切，裁小点儿！”

于是那一卷卷夹着名片的宣纸，就都堆在大师身后了。并每每听见学生撒娇地说：

“老师，我那卷纸已经摆了好久了，您是不是今儿动笔啊！”

便见左拥右哄着，大师欣然挥毫，而且笔酣墨畅，还总嫌那纸小，画得不够痛快呢！

走“煤”运

每年才入秋，几个平常难得碰面的亲戚，就全往小洪家里跑，没别的原因，只为了讨点煤过冬。

当然也没有人是空手来的，总要提些土产，巴结巴结小洪，好多弄点煤回去。

或许因为近几年工业发展得快速，生产单位又“向钱看”，这自古就有“煤乡”之称的地方，反有了缺煤的现象。只见一卡车一卡车的煤，堆得尖尖的，往别处送，自己人却没得烧。

唯有小洪，虽然是个普通农民，却从不缺煤，甚至能把多余的，供应亲戚朋友，让大家都过个暖冬。

这一天，表弟推着小板车，才在门口停下，小洪就喊道:“你怎么不早来呢？幸亏这两天暖，不然你非空手回去不可！”

说着，小洪把粪桶提出来，先去公厕淘了粪，再挑到田里浇下去。

经过一个夏天，粪全冒了泡，臭得田边马路上骑车过去的女学生，捂着鼻子骂:“什么天了？再过些时就下雪了！还浇粪？”

“趁暖和，再种一作！”小洪喊了回去。

粪浇完，天已经暗了，两个人匆匆忙忙收工回去吃晚饭。

第二天，天还没亮，表弟已经推车出去，到小洪指定的地点扫煤。居然一车装不下，还多运了半车回来给小洪。

“明年早点来！”小洪拍拍表弟，“要是天冷了，那些运煤车的驾驶关上窗子，不臭得猛踩油门，咱在那路转弯的地方，可就没这么多煤好捡了！”

黄金山贼

大概因为今天不是休息日，又正好是交通最轻松的下午两点钟，老钱从山顶的家门开车到山脚，只花了半个钟头。

然而想想七年前，老钱第一次开车去看房子的时候，单程不过十分钟。

多么美的十分钟啊，离开喧嚣污染的城市，由山脚别墅区的大门，直奔山顶，不但空气清新，而且满眼翠绿。更翠的是山顶那个游泳池，蓝得像是头顶的天空，老钱立刻订了一户。

刚搬去的那段日子，老钱每天清晨，在家穿好游泳裤，跑出门不过几十步，就跳进那片蔚蓝当中。为此老钱还结交了不少人，许多原本不太往来的同事，都带着孩子来拜访，然后一家人下去戏水，更有甚者，直接也搬进这个别墅区。

虽然第二批一百五十户推出时，价格比老钱买的第一批五十户，已经贵了将近一倍，但房子依然供不应求。

譬如老钱的小学同班老薛，就倾兄弟之力合买了一户，老钱还是在游泳时不小心腿伸长了些，踢到老薛之后才发现的。

第四批两千户推出时，已经不再是连栋别墅，而改为高楼，当然位置也由山顶延伸到了山腰，据说再推出下一批时，这些建筑就可以把整个山盖满了。

老钱从那时起反而痛恨回家了，路没变，只是觉得好窄好挤。老钱也不再游泳，每次打开窗，看见那池子，都使他想起乡下老家的鱼丸汤，以及热闹的庙口。

老钱真的辞职搬回了乡下。何必工作呢？把别墅楼下租给卡拉OK、楼上租给酒吧，就已经是他薪水的七八倍。

今天拿着刚收到的租金下山，老钱心里兴奋异常，因为盖这座山城的老板，又在另一个山头推出类似的别墅，老钱决定现在就去订一户。

“等将来游泳池边成为闹市，自己就开个‘柏青哥’。”老钱满面春风，“再不然，如果解禁了，就开个小赌场吧！”

密医[1]杀人事件

这是一个曾经害过不少人的密医。他只是小学毕业，却靠着在医院当技工和书本上偷学到的一些知识，为人看病。

为了逃避受害人，他由这个城市躲到那个城市，由东岸移到了西岸。居然靠着他高明的伪装技术，逃过了制裁。

他的墙上挂满了烫金边的假证书和假执照，他的衣服雪白、他的谈吐儒雅、他的眼光慈祥，更重

[1] 未取得合法资格的医师。

要的是——他的收费低廉。

遇到贫苦的病患，他甚至免费诊疗。

所以每当他出了事，匆匆逃离一个地方的时候，尽管受害人咬牙切齿，多数民众却是一片怅惘，甚至充满伤悲：

“想想他救的人，足以弥补他害的人！他是个真正的好医生。而那些正牌医生，也并非不会害人，只是他们总能想办法，靠保险公司的理赔开脱而已！”

“有了他的低廉收费，才能约束那些正牌医生漫天要价。他一走，附近医生的诊疗费，马上就提高了许多！”穷人们伤心地说，“他走了！我们失去了真正的依靠！”

密医终于落网了！警察冲进诊所时，他正为人动手术。

警察不敢立刻上前抓人，怕影响手术的进行。

只是病人仍然死在了手术台上。

“因为这些警察给我的精神太大的威胁，使我有了闪失，害死病人！”密医说。

“我们要告密医，叫他偿命！”死者的家属哭喊着，“也要控告警察，为什么明明知道他是密医，还不立刻阻止他动手术?!”

交换音响

老朱最近简直气歪了。

才买四个月的名车，被人刮了好几道。更火大的是，汽车音响居然被连偷了三次。一套好几万台币哪！而且名牌缺货，总要等一个多星期才能装上。

第一次保险公司还照赔，后来就只赔一部分了，老朱骂过去，保险中介居然说："能不退你的保，已经不错了！下次再被偷，我就退保！"

"唉！你也真笨！何必理赔那一点钱呢？"老朱的朋友孙董事长笑道，"我给你个电话号码，花不了一万，而且保证过两天就送到府上。虽然是二手，也跟新的差不多。”说完，耸耸肩：“告诉你！我昨天就被偷了，今儿打了电话，明天准能装上。不过这一回，我打算不顾好不好看，先在音响上刻个记号。”

事情就那么巧，当晚老朱到朋友家做客，出来开车，门锁得好好的，音响又不见了。敢情这贼在偷完之后还帮忙锁了门。

第二天一大早，老朱就拨了那个电话，一听便知是爽快的汉子：“有存货！明天就到，还帮你装好！”

隔夜，东西果然送上门，没几下就安装完毕，跟自己原来那台新的差不多，只是上面有点刮痕。

“爸爸！好像不是刮痕耶！”还是小儿子细心，把鼻子凑到音响前面端详，“是个字！是‘孙’！”

妈妈庙

到妈妈庙朝圣的人，最痛苦的一件事，就是得爬好几百公尺[1]的斜坡。

许多年老的妇人，提着香烛供品，走走停停，足足要磨蹭上一两个小时，才能到达庙门。下山虽然省力些，但老人家由于膝盖软，也丝毫快不得。

所幸沿路开了不少商店，供应饮料、餐点、纪念品，更重要的是厕所。每个厕所前都放了收费箱，老人家膀胱无力，能得到方便，即使交些钱，也十

[1] 公制长度单位，米的旧称。

分乐意。

据说妈妈庙初建的时候，住持就立下这个规矩，说为了表示虔诚，路虽宽，却不宜行车，以免触犯神明。

当然私下有人说，这是为了惠及路边的商家，游客们既然不得不经过，也就自然会看、自然会买。相反地，如果车子能直达庙门，这些商店非关不可。

只是“不行车表示虔敬”的说法传开了，久而久之，倒也成为一种迷信。商家们仗恃这迷信，有时竟把妈妈庙的住持都不放在眼里。

近年来，情势突然有了转变。路上出现一辆机车，专载年老的香客上下山。这是住持顺应舆情而特许的，目的是让无法爬山的老人，有个代步的工具。

两边的商家全慌了，一起上庙里请愿，只是眼看年老的香客得以解除登山之苦，请愿者也不知怎么说才好，唯一希望的，就是千万别再增加这种“载客机车”的数量。当然请愿者的态度是相当谦恭的。

只是对那骑机车载客的年轻人，商家们则表现出了恶毒的一面，甚至在车子经过时，故意向外泼水。

这一天，年轻人载个老头子下山，老人突然内急，只好停在一家商店前上厕所，出来“东张西望”，居然买了不少土特产。那商店老板真是眉开眼笑，态度一百八十度大转变，不但对年轻人千谢万谢，还小有馈赠。

也就真妙，此后年轻人常在那家商店前停车，就算乘客不想上厕所，也被建议到里面逛逛，自然少有空手出来的。

过去泼水咒骂的人傻眼了，一个个全改变了态度，不但老板们常拦路向骑机车的年轻人奉茶奉烟，甚至叫貌美的女店员出来搭讪。

庙里的住持，倒也乐得看在眼里：

这些原本嚣张的店家，如今不论对自己还是这年轻人，都有了适度的尊重。大家和乐相处、权力制衡，总是件好事！

木雕奇案

这是一个以木雕闻名的小岛，岛民们表现了惊人的艺术才华，他们用黑檀、白杨和檀香等珍贵的木材，雕出神像、麋鹿和婀娜的人体，就算从来不会留意艺术品的观光客，也常被吸引得站在木雕前，久久舍不得离去。

观光客一次又一次举起木雕，端详下面的价目标签。无可否认地，是贵了些，因为黑檀和檀香木料本身就贵，加上雕工精细，往往一件东西要费上几个月的人工。

当然更重要的原因，是陈列这些木雕的商店。

富丽的建筑和幽深的庭院都是大成本的投资。

这天，一群观光客又带着满脸遗憾的表情，离开“艺术之村”。大巴士向着山顶另一个风景区前进，两三个狠下手买了木雕的人，把东西传给同车的人欣赏，一边是沾沾自喜，一边是艳羡与叹惋。

那边叹惋得愈深，矜夸的一边也就愈是神气得眼睛发亮。

车子到达山头，人还没下，四周已经拥上一群叫卖的小贩。有人挥动着蜡染的衣服，有人举着黑檀的木雕：

“三万块一件啦！保证不褪色！”

“七十万块一个木雕啦！真的黑檀木呢！”

车里的观光客开始交头接耳：“算算一个木雕折合台币八千多块，比山下便宜太多了！”不过他们还是摇了摇头。到这岛上三天，观光客已经学会了杀价。

果然那群人紧跟在后，不断地降价。

“不要理他们，还可以再杀！”领队说着把大家带进餐厅。

餐厅正对着远方三千多米的火山，迎风面的密林、背风面的草坡、更远处碧蓝的湖水、白白的岚烟，交织成一幅壮阔的图画。

观光客们坐在落地窗前用餐，却难以专心欣赏这幽美的景色，因为小贩们层层挤在窗前，大声地叫卖。

“不要急！”领队说，“他们愈急，对我们愈有利！出餐馆之后，一直朝车子走，别理他们。车子发动时，保证价钱最好！”

一群人，头也不转地走回车上。小贩果然急了，站在车下跳脚。

“原来七十万，现在二十万就好了！”一个小贩举着木雕喊着：“求求你们，买了吧！”

观光客心动了，叫小贩把东西举近车窗，雕工精细，一点也不比山下差，价钱却是天壤之别。

观光客把窗子拉开，一手交钱，一手交货。

车子即时开动，观光客回身坐稳，得意地把木雕举起来，接受大家庆贺的掌声。

“且慢！”后座一个人说，“好像雕工很粗！”

举着雕像的观光客脸色大变，不必看，他的手已经告诉自己：“这木头为什么这样粗糙？”

“停车！停车！”他大声喊，“这根本不是我原来看到的那一个！”

正巧有辆警车驶过，观光客通过导游翻译，跟着警车冲回山顶，一群小贩吓得呆住了，这是他们从来不曾“遭遇”的情况。

调包的小贩被指认出来，但他坚持：“我当时给他看的就是这一个！”

“那么你包包里藏的这个又是干什么用的呢？”

警察拉开了小贩的背包，拿出曾经亮给观光客看的精品，厉声质问小贩，“你从实招来！”

“那是贵的东西，它的本钱就要五十万，我怎么可能赔三十万卖给他呢？”小贩哭喊着，“不信的话，拿去问问山下刻木雕的人！”

“倒也是真话。”另一个警察把木雕接过，细细地端详，“这么细的雕工，不可能卖二十万块！”

观光客收回钱，小贩取回了木雕。

事情解决了，只是留下许多疑惑……

四面喊贼

老同学介绍了一笔大生意给小宋。

“这件事幸亏由我经办，要是落在别人手里，可就没那么简单了。他们是二话不说，先谈回扣，而且完成之后，别的主管还可能来找麻烦，你如果不一一打点，他们就挑你毛病，叫你不能验收通过。弄到后来呀！你非但没赚到钱，只怕血本无归。”老同学说得唾沫横飞。

“没想到你们单位那么黑暗，我不做行了吧？又不是没饭吃，非接你们的生意不可！”小宋有点不太高兴。

“你急什么呢？我不是说了吗？有我在，保证护航到底，用不着你操半点心，而且全卖老同学的面子，只收你一成跑腿钱。”

小宋战战兢兢地接过生意。只是自从老同学告诉他单位里的黑幕，小宋心头就有了阴影，每次见到那单位的主管，都觉得他们个个面目可憎。只是办起事来就愈加小心了，唯恐有什么漏洞，让那些“吃肉不吐骨头”的贪官抓到，连老同学都无法护航过关，麻烦可就大了。

所幸真如老同学所说，事情顺利完成、过关，那单位里的主管验收之后，还向小宋握手致谢，赞美工作的品质呢！

“笑话！”小宋心想，“他们心里八成在狠狠地骂‘算你走狗屎运，有老同学护航’，否则即使不要我两成回扣，只怕也会挑三挑四。”但是小宋细细想：“讲句实在话，我的工作品质，他们要挑也挑不出毛病。”

小宋确实做得好，老同学因为“监督”整个工作，竟然也得到嘉奖，没多久就调升另一个单位的主管，升官发财，真是好事成双。

令人不解的是，老同学虽然离开了，那先前的单位竟然还主动来找小宋，一连交下三四个案子，个个都比原来的大。

更令小宋不解的是，那些交给他办事的主管们，不但没向他要一文钱回扣，连送礼都被退回。

“敢情那单位并不如老同学说的黑暗？”小宋心里想，也便觉得那些主管有些和善可亲了。

“你可别这么想！”老同学拍了小宋一巴掌，“你应该感谢我，因为我现在有权有势，他们知道你是我的老同学，不敢得罪你，更不用说向你索要回扣了。”

小宋对老同学愈加感激涕零了：“原来他们继续找我做，是为了向我老同学示好。”所以逢年过节总要送给老同学一份厚礼，在老同学因心脏病去世之后，更是哀恸逾恒，包了很重的奠仪[1]。

小宋失落了，知道没有老同学的照顾，未来的路将变得坎坷，所幸那单位又交下几个案子。

小宋诚惶诚恐接过案子，嗫嗫嚅嚅地探问经办主管："不知道要我怎么表示？"

"你没弄错吧？"对方喊了出来，"你已经接过我们多少生意了，哪次要你表示过什么？"

[1] 丧事礼金。

看人不能看表面

为自己活一次

拔刀相助

那辆车子已经跟上好长一段路了！

王太太想起丈夫的叮嘱：“开名牌车子，要小心坏人！”所以尽管那辆车子既按喇叭又闪灯，王太太连头都不敢转一下。

现在对方居然摇下车窗比手势了。

“指我车子后面？”王太太这才觉得车子不对劲，敢情后轮漏了气。

“对不起！怪我以小人之心度君子之腹，以为您是坏人。”王太太直赔不是，“怎么好意思呢？您不但通知我车子爆胎，还停下来帮这么大忙，等会儿该怎么谢您？”

那人一挥手，又指了指千斤顶，意思是叫王太太扶着，没两下子就帮忙卸下了破轮胎。

“多险哪！”王太太心想，“幸亏只裂了个小口，八成被什么锐利的东西割到了。要不是早发觉，高速公路碰上突然爆胎……”她浑身冒出冷汗，对眼前这个年轻人更感激得不知怎么样才好了！

年轻人也是满头大汗，先到后面找备胎，再去驾驶座检查。只是才看一眼，就猛摇头。接着跳上自己的车。

“这怎么好意思？难道他要自己掏腰包，为我买轮胎？”王太太追上两步，想找皮包拿钱，年轻人的车早跑远了。

问题是：皮包呢？

王太太大惊失色，一个箭步跳上车，正要发动，又颓然瘫在椅子上。

少了一个轮子，怎么开？

桃“礼”满天下

“为了陶冶性灵、减少社会暴戾之气，我决定免费教琴，条件是必须为初学者。”一位刚回台北的小提琴家，召开记者会宣布，“来学的不必自备琴，由我免费提供，在教室练习。”

上千人报名参加，小提琴家应接不暇，只好将来学的分为十几班，每班三十人。尽管如此，仍然无法应付，轮不到的只好等下一批次。

更麻烦的是，虽然准备了三十多把小提琴，却因为每班学生都要用，每星期只能在课堂里练习两个钟头，实在不够。何况用的人多，众人又是初学，公用的琴很容易出毛病，单是调音，就浪费不少时间。

三个月的批次班，转眼就结束了，每个学生都依依不舍，他们送上蛋糕、鲜花、纪念品和感谢。

许多人要求进入需要缴费的中级班。有些人买了厚厚的乐谱，自己回家练。

当然他们不是把“公用琴”带回家。绝大多数的人，在学琴一个月后，就到老师指定的乐器行买了琴，尽管价钱比别的地方贵些，但也没有人迟疑。

“老师连学费都不收，怎么可能赚卖琴的回扣呢！”学生异口同声地说，“何况这是老师亲戚开的店，贵的原因是品质好！”

小提琴家成为桃李满天下的名师，没几年就买了豪华住宅，里面挂满褒扬和感谢状。即使在免费班结束多年后，他的琴班仍然人满为患。

战斗英雄

虽然大楼住户管理委员会，十个人到了九位，但这次月会却显得出奇地冷清。

原因是——王主任要辞职了。

过去三年多，在王主任的领导下，整个大楼几十户，团结成一条心，共同对抗加盖违章建筑的顶楼住户。

王主任首先挨户拜访，告诉顶楼加建的违法性和危险性，接着召集全楼的住户开会。拿出当年大楼初建时的住户公约和建筑商的说明书，证实楼顶属于全体住户共有，不能由一家独占。

“想想看！如果我们将楼顶做成空中花园，孩子们可以在空气新鲜的楼顶玩耍，既不必遭受街头的污染，更不用怕被车子撞到。”王主任激动地说，“可是现在，除了搭上违建，他们甚至围起栅栏，如果失火，我们连逃生的地方都没了，只有活活被烧死……”

群情沸腾了，大家决定在王主任的率领之下，和顶楼违建战斗到底。

果然，在压力之下，顶楼住户屈服了，虽没拆除违建，却开始卖房子。

“显然他们打算一走了之，卖给不知情的人，让别人来扛。”王主任在月会中愤愤地说，“我们绝不能让他们得逞！”

于是只要听说有买主上门，王主任必定立刻赶到，在门口把对方拦下，晓以大义、告以利害。

对方一听，不用看，全撤退了。

一年多来，顶楼住户换了好几家房地产中介，虽然价钱已经降到令人咋舌的地步，还是乏人问津。最后，连房地产公司都拒绝受理了。

直到今天月会，王主任报告，大家才知道房子终于卖了出去。

“对付敌人最好的方法，就是把他赶走，换成朋友！”王主任满面春风地说，“所以顶楼我买了，以后不方便处，还请大家多体谅！多包涵！”

不是烂摊子

办公大楼翻修的工程才要签约，主事的小李却被换了下来。

“一定是为了减少弊端。”同事交头接耳，“但小李是总经理的外甥，这不是让自己人太难堪了吗？”

当然对于接替小李的小赵，这却是个大大光彩的事了。从接手起，小赵就自动加班，工程期间更是日夜监督，加上他跟施工单位毫无交情，愈能铁面无私，甚至做到吹毛求疵的地步。

只是为了配合施工，公司里的人员和器材不得不左搬右搬。碰到缺了插座、少了灯光，甚至隔层敲打的声音太吵，大小事情都全找小赵解决——连女同事的裙子被钉子剐破，都怪到小赵身上。

一边挨工人骂，一边遭同事抱怨，小赵真两头不是人，没几个月，不但瘦了好几公斤，而且面容憔悴。

“我看你真撑不下去了，还是换小李来做吧！”总经理拍拍小赵，“确实太辛苦你了！”

小李再回头管事，从工人脸上的笑都看得出来，毕竟是熟人，好讲话！而且工程也渐渐进入结尾收拾的部分。

每天进公司，都让人眼睛一亮，堆积的废料和用剩的东西，一车车载走了。中庭花岗石面经过洗刷，又光鲜了起来。加上新运到的盆景、垂花，让人看了就高兴。虽然还有女同事的衣服滴到油漆，但由于心情好，也就没发脾气。

竣工仪式上，小李和小赵都得到了奖状，但小李获得的掌声最多，好几位年轻的女同事，还抛了飞吻给他：

“小李万岁！”

真假钟馗

“大师您好！”

“向大师请安！”

“大师请用茶！”

“大师请抽烟！”

当大师走进画廊，前呼后拥的，简直就像个王爷！

谁能说不像呢？大师是活国宝，通古今、精鉴藏，更不要说画出来的画了，连签字都能卖钱，加上深居简出、难得露面，活脱脱就是王爷。

“王爷”开始巡视了。看着那些后生晚辈的画，他一会儿拂须、一会儿点头、一会儿叹气，周围的画廊招待，也便跟着点头、叹气、摸下巴。

“咦？这是谁画的？”大师站在一张巨幅的钟馗图前问道，“怎么没题字？”

“小画家！小画家！想必是私淑[1]您的学生，不敢题字！”画廊老板堆起笑脸，“景气坏，不容易经营，所以卖点便宜东西，这叫滥竽充数……”

话还没说完，画廊老板就被拿相机的小姐打断了：“请大师跟我们老板照张相。”

大师满脸慈祥。咔嚓！

“董事长您好！”

“向董事长请安！”

---

[1] 没有得到某人的亲身教授，而又敬仰他的学问并尊之为师，受其影响。

“董事长请用茶！”

“董事长请抽烟！”

当董事长走进画廊，前呼后拥的，简直就像个“王爷”。

谁能说不是呢？董事长虽然一身铜臭，却也堪称“雅士”，家里连厕所挂的都是名家书画。

“嗬！好大一张！谁的？”

董事长走到钟馗图前。

“您没看左边有大师的签名吗？”

“当然看到了，可是有人向我告状，说你专卖假画，我怎知真不真？”

“这您可委屈我了！”画廊老板一招手，服务小姐赶紧捧过相册。

“照片为证，能不真吗？”

“可是没照到签名的地方啊！”

“画这么大，照不下！可是您对对，哪笔不合啊？连框子都一样！大师得意之作，瞧他笑得多开心哪！”

董事长赶紧掏出支票……

厕所风云

歌剧散场了，洗手间外大排长龙。

男厕所仿佛开流水席，长龙一下就不见了；女厕所则如同订房筵席，老半天才移动一步。

天哪！三个半钟头的歌剧，再加路上塞车，穿着光鲜的名媛淑女，一个个伸着脖子、踩着碎步、叹着大气。

一位女士终于忍不住，转身冲进男洗手间，跟着几十位女士也冲了进去。

于是女厕所外的长龙，移到了男厕所里面，虽然大家都目不斜视，正在方便的几位绅士却吓得不知所措。

终于有一位绅士不再绅士，冲出门叫来警卫，把几位女士抓了出去。

新闻闹大了，受辱的女士告上公堂：“这是女男平等的社会，凭什么女人不能上男厕所？”

自称受辱的男士也不甘示弱：“既然叫男厕所，那就是女人禁地，不准偷窥，不得入侵！”

许多和睦的夫妻和子女，甚至为此争辩不休，分成两派：

“男人能够看，不让你们看！”男生叫道。

“男人只有站的权利，‘座位’属于女人！”女生吼着。

简直像野火燎原，比堕胎法案通过时闹得还凶，全市数千名妇女组成游行队伍，浩浩荡荡地朝市政府广场前进，男人则在办公室的窗口，向队伍骂阵，眼看两性战争就要爆发。

市长不得不出面了。他走到广场前，对愤怒的妇女同胞致辞:“我举双手赞成女性市民的主张，女男平等，女人当然可以上男厕所！”市长果真举起双手:“相对地，男人也可以上女厕所，从今天开始，我就轮着上！”

先是掌声，后有嘘声，跟着是队伍中窃窃讨论的声音。数千人的队伍突然散了……

情与诈

华灯初上，街角的面摊又开始忙碌起来。懒得烧饭的单身贵族纷纷报到。匆匆忙忙的主妇，更常来切盘卤味，以补晚餐的不足。

“老板，切五十块钱的猪头肉！”妇人说着丢过去一张百元钞票。

老板一边寒暄，一边提过肉，刀法利落，顷刻就是一盘。妇人似乎觉得切多了：“我只要五十块钱哟！”

“不要钱啦！老主顾，算我请的！”老板居然把切好的肉包起来，连那张百元票子一块递给妇人。

“这怎么行？一定要给钱！”妇人不好意思地把钱塞了回去。

“那就谢了！”老板接过钞票，“这儿正好是一百块钱的肉！”

妇人一怔，却不知道该说什么，只好转身走了。

重重的高跟鞋声远离后，有个客人看不过去地说：

“老板！你未免太差劲，为什么使这种诈？”

“您误会了！我当时是不小心，没注意她只要五十块钱的，直等到切完一百块钱的，才听她提醒。既然切了，不好意思扣回，所以说送给她！”老板解释，“您是看到了，她自己硬要付钱嘛！”

客人想想有理：“我误会你了！”

“您客气！不过这年头，五十块能买什么东西？她好意思买，我还不好意思切呢！”

脱衣献计

每次坐在丈夫的进口轿车上，驶入外交官住宅区，看那警卫举手敬礼，詹森太太都有说不出的得意。

警卫是当地人，他的职责之一，是绝不让当地人进入住宅区。詹森太太也是当地人，她可以进门，是因为嫁给了詹森。

什么叫“飞上枝头变凤凰”？这就是！詹森太太自从当了洋人的夫人，连亲戚的眼神都不一样了，简直就是敬畏。

当然，偶尔在跟丈夫朋友聚会时，听到白人骂自己的国家，詹森太太难免心头一寒，只是接着想，自己早跟那群同胞不一样了！又会有些窃窃欣喜。

然而今天詹森太太有了麻烦。

只怪丈夫出差，自己一个人出去玩，又没带证件，深夜叫了出租车，才暗叫一声不好！

果然新来的警卫不认识人，手电筒在她脸上闪一下：“不准进！”

“我确实是詹森外交官的太太，不信你打个电话给我先生的同事，请他出来接！”

“半夜三更，别发神经了！去！去！去！”

詹森太太急了，出租车已经开走，路上连个鬼影都没有，天寒地冻能怎么办？她突然灵光一闪，脱下衣服递进栅门。

“哦！真是夫人，请进！请进！”警卫像是触电般打开门，“这大概是貂皮吧？好漂亮！好漂亮！”

青春泉

常带着小孙子、小孙女到公园里玩耍的祖父母，总是坐在一起感慨：只恨自己青春不在，没办法陪着孩子下去玩。

孩子玩得兴高采烈的时候，也总是拉着爷爷奶奶："你陪我玩嘛！好有意思哟！"

当老人家勉强跑几步，便气喘吁吁，孩子莫不懊丧地嘟着嘴："要是爷爷能跟我一样小，该多好！"

这倒是触动了老人家的灵感，他先用木板盖了两间小房子，四周装上一串串闪灯，分别写上"青春泉"和"老年泉"的大字，又去邻镇找来几个三四岁的孩子，并为他们定做了跟自己相同布料和式样的衣服。

一切准备就绪，节目终于开演。

“这是青春泉，爷爷只要进去，就会变成像你一样小地走出来，好不好？”

孩子都兴奋地跳了起来。

于是老爷爷老奶奶，一个个走进去，开亮串串的闪灯，又放出奇幻的音乐，再把事先藏在里面，打扮成自己的小孩推出来。

“嗨！我是爷爷！你不认识我了吗？”

“嗨！我是你的老奶奶呀！高兴不高兴？奶奶变得这么年轻！”

请来的小演员，十分称职地照老人教的台词，向等在外面的孩子打招呼。那些孩子先是一怔，跟着居然就都相信了，兴奋地冲上去，拉着“假爷爷、假奶奶”跑向游戏场。

他们一起荡秋千、溜滑梯、堆沙堡，笑闹成一团。

天逐渐暗下来，小演员却玩得忘了看见“老年泉”灯亮，就要走回小屋换爷爷奶奶出来的约定。

终于有一个小女孩说话了：

“爷爷！天要黑了，你该变回原来的样子，带我回家了！”

其余的孩子也都跟着催促，可是邻镇来的小演员，因为初到这个游戏场，就是舍不得走。

“你不走，我走！”一个小孙女叫道，说着便冲向“老年泉”，“让我变成老奶奶带你回家，你实在太不乖了！”

当孩子一起冲进老年泉，发现自己的老爷爷老奶奶居然都躲在里面时，竟然又兴奋又生气地哭了起来：

“我再也不准你变年轻了！年轻的爷爷奶奶，不像爷爷奶奶！”

青春泉
老年泉

弄虚作假

为自己活一次

“要”到病除

自从萧太太在朋友公司挂名搞了个“劳保”，就常生病往医院跑。

“凡事往好处想！”萧太太倒是乐天知命，“所幸有保险，否则花费就大了。而今不但没花多少钱，还赚了一笔，岂不该庆幸？”

听说的人，都笑她憨、想得开，连生病也要谢天。

“我当然谢天，谢谢老天让我遇到一位好医生。”萧太太说，“那是我见过的最好的耳鼻喉科大夫。第一，他断病如神，药到病除。第二，他诊疗认真，不但看，而且亲自动手，往我鼻子里喷药，再用碘酒一类的东西为我刷喉咙。第三，他为病人保密，使我存下不少私房钱。”

“看病跟私房钱有什么关系？”听者问。

“关系可大了！譬如丈夫、孩子感冒发烧，以前还要去看医生，而今只要我靠劳保拿点免费药就成了。”萧太太得意地笑笑，“这叫作‘代看病’，由我在家里问明症状，再去找那位耳鼻喉医生，我只要说‘在家刚量过体温，三十九摄氏度，头痛、喉咙痛、全身酸疼’，再张开嘴，让医生看看就行了！”

最后萧太太又补了句:“唯一的缺点，就是我也得代表老公和孩子，被喷两下鼻子，刷一刷喉头，那碘酒可真苦呢！”

六亲不认

洪总经理外号“洪铁面”，因为他做事刚直、铁面无私。

“要想承包我们的工程，条件半项不符都不成，如果你勉强通融这半项，改天有人少一项，也会来找你放水。”洪铁面在高级主管会上义正词严，“用人也一样，规定三十五岁以下，超过一天都不成；规定大学毕业，专科就不能算数。什么都按规定来，要做到六亲不认！”

洪铁面确实六亲不认，连小舅子学历差了一点，想进新成立的分公司，求姐夫关照一下，都被洪铁面一口回绝。

“你不帮，我帮！”洪太太指着丈夫鼻子骂，第二天就自己打电话给分公司的主管。

“真对不起，洪大嫂，您知道这是总经理规定的，我们下面的人只好照办。”分公司主管直赔笑脸，“当然您说得也对，条件只差一点点，睁一只眼闭一只眼就过了，只怪我们真是毫无弹性、六亲不认哪！”

“六亲不认！不是六亲就会认了！”小舅子也冒了火，居然不知透过什么渠道，硬是进了分公司。而且绝没打姐夫的招牌，收红包的人根本不知他是谁。

“告诉你，老姐！像我这样进去的不知有多少人了！但你可别让姐夫知道。”

洪铁面还是知道了，是洪太太跟他吵架时骂出来的，洪铁面大吃一惊，偷偷查人事档案，居然是真的。

洪铁面头大了，想把黑手抓出来，又怕连累亲戚。看小舅子做得胜任愉快，一家和乐，真是于心不忍。何况抓了他，不但自己颜面无光，家里恐怕也要闹革命。

考虑再三，他决定装不知道。

没过多久，突然有个老同学造访，居然也是为儿子想进分公司，资历却差一点的问题。

“你知道我的脾气，一辈子大公无私，可是碰上你这老朋友，就为难了！”洪铁面拍着老同学肩膀，“这样吧！我给你介绍个人，比我有办法，叫令郎直接找他，问问有什么路子，但是千万别讲是我说的。”

洪铁面把小舅子的电话抄给了老同学。

又见少女搭便车

“请等一下！请等一下！”

游客正要离去，一个女孩子突然飞奔而至，挡在车前。

“你们是不是要下山？能不能载我一程？”少女喘着气，脸上透出山村女孩特有的稚气与腼腆，“我要到姐姐家去，她就住在下山的路上。”

游客一家四口，正好空出个位子，立刻欣然同意。坐在后面的两个小孩尤其兴奋，盯着坐进来的大姐姐上下打量。

少女的腼腆很快就消失了，开始跟孩子有说有笑，还说欢迎游客一家在丰年祭的时候，到山上喝小米酿的酒。

男主人对着后视镜中的少女直笑着点头。

少女要去的地方一下子就到了，大家好像还有许多话没说完似的。

“进去坐坐吧！”少女说，“这是我姐姐开的店，喝杯茶再走，她的茶特别香呢！”

游客一家人不但进去喝了茶，而且买了不少茶叶。女主人还选了昂贵的蜂王乳，小孩儿则要了两个木雕的玩具。

少女帮着把东西拿上车，依依不舍地挥手，直到车子消失在远处。

远处正有一辆小轿车开上山，少女拼命地挥手把车拦下：

“先生太太！你们是不是要上去？能不能顺道载我一程？我要去姐姐家，她就住在上山的路旁。”

枪手悲喜剧

今天是小袁和小王最高兴的日子，也可说是他们倒霉多年之后，终于咸鱼翻身的日子，因为从小一块儿长大的大毛和小毛，由美归来，不但在台北开了工厂，还要高薪聘请小袁和小王。

人生际遇真是难料。想想十二年前，小袁和小王就因为走错了一步，由已上大学的小袁，帮小王当联考的枪手，失风[1]被开除学籍之后，人生就一直不顺。

[1] 出问题、出麻烦。

反观大毛、二毛，先后大学毕业、出国，双双获得博士学位后，回来创业。据说工厂开张那天，真是冠盖云集，大家一致为海外学成的两兄弟能回来贡献而喝彩。两人也确实不凡，用外国最新的技术，加上科学的管理，两年间已经令公司跃升为出口的重要厂商。

“没想到小毛这么能干！”小王佩服地说，“当年在街头混的时候，还以为小毛跟我一样不是读书的料，没想到进大学之后，不但跟上了，而且出去拿到博士，回来成为企业家。”

“人在少年时，都容易迷失，我只是侥幸，能得个机会。熬一阵，居然就混出来了。”小毛感叹地说，“你们只是因为长得太不像，被抓到……”

“不管怎么样，还是要谢谢你们。”大毛握握二人的手，“谢谢你们没说出来！”

穿帮电话

“昨天晚上你野到哪里去了？三点才回家！”一大早，太太就拉开嗓子骂。

“我不是跟你说了吗？在小刘家聊天扯淡嘛！”丈夫理直气壮地回答，“不信你打电话问小刘好了！”

“算了吧！你们那帮狐朋狗友、一丘之貉，一个护一个！”

“怎么可能？”

“怎么不可能？”太太把电话拿起来，“不信咱们拨拨看，偏不拨给小刘，打给你其他的同事，问你昨儿晚上在不在他家，他们准都承认！你在分机听好了！”说着拨给了老王：

“老王啊！我是孙太太，我老公一晚上没回来，是不是在你那儿？”

“你说老孙哪……”老王沉吟了半秒钟，“可不是吗！刚走、刚走！”

太太一瞪眼，电话又拨给了小李：

“小李啊！我先生一夜不见，是不是在你家？”

小李段数更高：“孙大嫂，您真是料事如神，我这就叫他听电话！”说着装模作样地叫：“老孙！老孙！”接着回话：“孙大嫂，对不起，他已经出……”

话没说完，孙太太已经挂上：“混账东西，可真会演！我再拨给小周看看，他虽然没大脑，八成也会护着你。男人哪，一窝子货！”说着电话已经通了，一阵麻将声传来。

“喂！小周啊！真对不起，我姓孙，我爱人一晚上找不到，是不是在你那儿啊？”

“你爱人哪？”小周一怔，随即又笑了起来，“哈哈！你是说小郑啊！别以为我不知道你们好，办公室除了你家老孙，谁不晓得？你等等，我叫他！”便听那头小周喊着：“小郑，你的‘密友’来查勤了！”

假的遗言

霍克博士过世的消息，震惊了学术界。大家都对这位研究里门文化的先驱，致以最深的哀悼。

每个人都记得十七年前霍克博士引起的轩然大波。他和两位考古助手，在里门岛上发掘到一块刻有苏美尔文字的墓碑，表示早在两千多年前，苏美尔人就已经能航海穿过大洋。更令人惊讶的是，那墓碑的石材并非取自里门岛，而是由苏美尔人运去的。

那么重的墓碑，以当时建造的小船，怎么可能运得过去？又怎能穿过横向的洋流，到达里门岛？那是需要高超航海技术的啊！

学术界多数人持怀疑的态度，认为过去寂寂无名的霍克博士是在造假。

大批考古学家拥向里门岛，真理终于被证实。

一件件与苏美尔人相关的文物被挖掘出来。其中甚至有一条船的龙骨，足以证明当时高超的航海技术。

霍克博士获得最高的推崇，成为三个国际考古研究会的主席及国家文物管理委员会的召集人，因为他的发现，改变了全世界对里门文化的看法。

但是今天比起霍克博士的死，更令人震惊的是他的遗言。他说：

“这件事我藏在心里十分痛苦，临终不得不说。十七年前我实在是为了出头，而偷偷运了一块苏美尔古石碑到里门岛去，没想到后来的人，真发现了苏美尔文化的遗址。”

这遗言怎能不令人惊讶呢？所幸当年为霍克博

士工作，而今也享有盛名的两位助手，立即为霍克做了澄清：

“他必是神志模糊的情况下产生妄想。因为当年我们见证他挖掘石碑的过程！”

婆婆妈妈真伟大

四十岁的芭克太太膝下犹虚，她决定抱养一个孩子，把自己积压的母爱，全部付出去。

“我要找一个父母双亡的孤儿，补偿他所失去的一切！”芭克太太对国际慈善组织说，“任何国籍或种族都可以！”

组织终于在南美一个战乱的国家中找到了这样的孩子，问题是那孩子有个十七岁的大姐姐，一年前孩子刚出生，父母就被炮火炸死，全靠大姐姐哺育，所以领养的条件是：

必须同时养两个！

芭克太太欣然同意，能让一对炮口余生的姐妹相依相守，而不被拆散，该是多好的事，何况有个姐姐帮忙照顾，更方便不少。

经历过苦难的姐妹确实情感特别深，做姐姐的抢着照顾妹妹，抓屎、抓尿、喂吃。看着她们相依难舍的样子，芭克太太常感动得流下泪来，想想在幸福的环境中，有几个兄弟姐妹，能发展出这样的手足之情？

大女孩的英文进步神速，职校刚毕业就通过了公民口试，拿着美国护照，回南美扫墓，居然遇到一个男孩子，闪电般地结了婚。

芭克太太在美国家里补请了客，亲朋好友全赶来道喜："原来没有孩子，现在居然不但有了这么一大一小两个漂亮的女儿，而且还做了丈母娘！"

芭克太太更是笑得合不拢嘴。

女儿和女婿很快就找到房子搬了出去，芭克太太依美国习俗，备办了全套嫁妆。没想到大女儿居然提出一个要求：“让妹妹也跟我们住一块儿吧！免得您带得太辛苦。”

“这孩子正好玩，我带得动，也乐得带她！”芭克太太笑着拍拍大女儿，“谢谢你的好意，也真多亏你有这份爱心，自己都成家了，还那么惦记着妹妹。”

女儿把新婚夫婿拉到身边，有些腼腆地一笑：“妈咪！如今我不得不对你说真话了，我的妹妹其实正是我和他的女儿！”

“什么！你为什么不早讲？”

“如果我早泄露了秘密，有谁会收养一对母女呢？人们要领养的是儿女，可不是女儿和外孙女啊！”

吴太太的戒指

在一群姐妹淘当中，吴太太应该是最受人羡慕，甚至可以说被嫉妒的一个，因为每年在她的结婚周年派对上，吴先生总会当着众家太太的面，为太太套上一只闪亮亮的宝石戒指。

从那天开始，便见吴太太伸着肥得像串小香肠的手，东指西点地在人前晃荡，足够她神气个大半年。偏偏就在新鲜过时之后不久，又到了她下一年的派对，便又有了新的戒指。所以在街坊邻居间，大家私下都不称她的名字，只要把手举起来，招招摇摇，代表的就是吴太太了。

“一年一只大戒指，真是不简单！”即使以前家里开银楼，对珠宝相当内行的钱太太，也不得不佩服，“我鉴定得出来，吴太太每年的宝石戒指都是真材实料，这多年下来，吴太太的收藏可真是一大笔财富哇！”

“最近她刚过完十周年的锡婚，加上结婚戒指，已经有了十一只，何不请她开个展示会呢？”有位太太提议。

“当然好啊！”吴太太果然满口答应，“明天上午我就去银行保险箱把戒指全部拿出来，下午在我家碰面。”

十只戒指，整整齐齐地躺在各色的丝绒盒里，加上摇来摇去的手上那只，真是熠熠生辉，令人羡煞，吴太太更是陶醉在众人的艳羡和赞叹中。

突然，令人惊讶的事发生了，珠宝专家钱太太尖声地叫出来:“天哪！为什么除了你手上那只，其他的全变成玻璃造的假宝石了呢？”

吴太太火冒三丈，一把拨开众人，将钱太太正鉴赏的那只夺下：“怎么可能？”但是她接着便噤声了，转身将桌上另外九只戒指一一察看，脸色突然变得苍白，颓然跌入了沙发。

从此众家太太们，似乎变得比以前更快乐，夫妻间也更恩爱了，每个人都学会了摇手指：“看看！我这只结婚戒指已经戴了十多年，从来没换过新的，但是旧的也没变假啊！”

不过吴太太跟吴先生大吵一架之后，好像也变得没事，照样炫耀她的戒指：“旧的不去，新的不来。旧东西过去既然真过，后来换成假的，也就不必在乎！以前的固然变成假的，只要眼前真实也就足够了。你们说，对不对？”吴太太又扬了扬她那肥得像串小香肠的手。

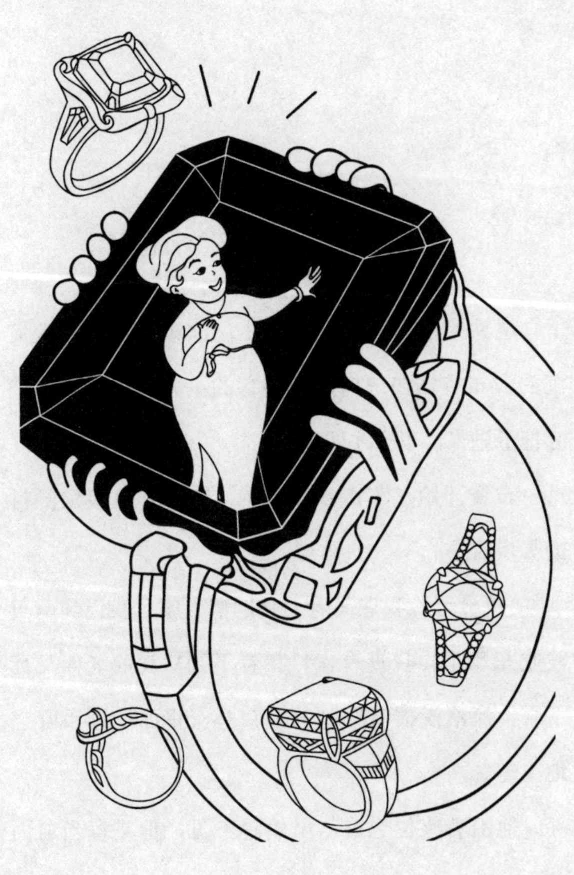

银币陷阱

地铁的车门一直没法关上，原来是有个又破又沉的大布袋挡在门口，直到它的主人像牵狗一样把它拖了进来，车子才能启动。

布袋开始在车内沙沙地滑，随着那流浪汉颤抖的脚步前进。

“可怜可怜我这又老又瞎的黑人吧！我已经两天没吃东西了！我没有家！我看不到！我的老伴又死了！”流浪汉摇着铝制的漱口杯，里面的硬币叮当地撞击着。

他沿着座位乞讨，虽然看不见，但是每当前面有柱子，就以一种“醉八仙”的脚步，颠颠倒倒，巧妙地避过。只是当他向一个空座伸着杯子央求时，惹来全车的哄笑。

这流浪汉确实成了乘客消遣的对象，每个人都盯着他笑，且在他那大布袋太靠近自己时，伸出脚踢几下，只是眼看他已走到车厢的尽头，居然没有一个人解囊。

流浪汉果然走到了尽头，摸摸墙壁，又转身回来，但是才走两步，就摔倒在自己的大布袋上，铝杯里的硬币滚了一地。

大家一边偷笑，一边为他捡钱，所幸不多，一下子全回笼了！

流浪汉跪在布袋上一声不吭地往杯里摸索，突然发出惊天动地的哀号：“我的一块银圆不见了！我的一块银圆不见了！”

全车厢的乘客又忙着弯身搜索，只是没有结果，流浪汉哭声便更大了。

终于有位男士丢了两毛五分到流浪汉杯里。跟着又见几个女人过去给钱安慰:“好了!好了!远不止一块钱了!”

车子总算到站。人们嬉笑着下车,剩下两三个乘客,各自重新举起报纸或闭目养神。

车子朝下一站驶去。

流浪汉把硬币收进裤袋,喃喃地骂:“一群笨蛋!”他突然站起身,快步冲到一个黑人面前:“抬起你的臭脚!下面有我的一毛钱!你这个黑心的家伙!”

脱衣舞先生

史瓦罗先生是个职业脱星，它总是驾着小汽车冲上舞台，再随着热情的音乐翩翩起舞。

不过史瓦罗和它的经纪人最近都失业了，一方面因为史瓦罗的身体不好，一方面是受不景气的经济影响，连美女跳脱衣舞都乏人问津，更何况看猴子表演了。

尤其麻烦的，是史瓦罗因为看病，已经欠了兽医一千两百块钱诊疗费。考虑再三，经纪人终于决定带着史瓦罗乞讨。

他们选择了纽约市最热闹的四十二街，把乞讨的原因写在纸板上，再将纸板挂在史瓦罗的胸前。史瓦罗把过去舞台上的光荣完全抛开，垂头蹲坐着，偶尔怯懦地仰视四周的人群，那可怜的眼神果然激起大家的同情心，几位女士甚至偷偷擦眼泪。

不到半天，史瓦罗已经收到了七百块捐助。当街头音乐家的帽子里总是叮叮当当响着硬币时，史瓦罗身前的铁桶里却安安静静，因为人们丢下的都是较大额的纸币。只是当经纪人数钱的时候，史瓦罗却被人野蛮地提了起来——

一把九英寸长的尖刀抵住史瓦罗的喉咙，抢匪吼道：“把钱交给我，否则我就砍下它的猴子头！”

抢匪抓着钱，以史瓦罗为挡箭牌，冲出人群，再把史瓦罗狠狠摔在地上飞奔而去。

史瓦罗上了头版新闻，报纸不但介绍了这只世界上唯一的“脱衣舞猴”，而且刊出了史瓦罗绑着纱布的照片。

不过史瓦罗并没有住院养病，因为它欠医生的更多了。

出事的第二天，史瓦罗又登上了舞台，在爆满的宾客的掌声中重操旧业。

坐在第一排的贵宾，包括了它的经纪人和发表这条独家新闻的记者。场子另一头也有个熟客——前一天的抢匪。

鉴赏春秋

今天画廊请鉴赏家们吃饭，这是郑教授最厌恶也最兴奋的时刻。

“宴无好宴！”郑教授心里骂，“还不是为了有古画要求我鉴定。要真是好画，倒也乐得看看。偏偏多半都是假东西。”郑教授狠狠地跺了跺脚：“假也就罢了！最气人的是居然逼我，硬要我说是真的！”

不过郑教授还是把那方“鉴赏真迹”的印章揣在口袋里：“一群鉴赏家，全是几十年的老朋友，别人非说是真的，又不断强调那是他的家藏，再不就是亲戚祖传，我能不盖章吗？明知道他是在护航，经过我们这群鉴赏家权威认定为真迹，原来不值一文的假画，立刻能身价万倍。虽然良心不安，每次还不是强笑着盖章了事？”

“哈哈哈哈！”当天郑教授连画都没细看，就大笑道，“王老，您是一代权威了，既然您认定是真，当然假不了！”说着掏出印章，交给画廊老板帮忙盖下去。

十几张画，顷刻就在一团和气与豪爽的笑谈间鉴赏完毕。除了几幅外面送来的是伪作，其余全是真迹。

最后轮到郑教授兴奋的时刻了。

“小弟也有一幅家藏，请各位法眼鉴定一下！”说着掏出一个手卷，摊在桌上。

画还没打开，一边的王老已经笑道：“郑兄家藏，还能假吗？那边酒菜都摆好了！我不用看，先盖章！”便率先在那“卷首”用了印。

众人也便不敢怠慢，纷纷跟着盖……

买你落选

选战已经到了白热化阶段，一边运的是选票，一边运的是钞票。成袋成捆的钞票被提出来，分给各责任区，再下交给基层点的桩脚[1]，怪不得有人说：这是财富的重新分配，使得有钱的政治家，能让广大群众“雨露均沾”。

也有人说这是一场大的赌博，就算你前面都输，只要每把下得比上把大，最后赢一把，便能收回老本。

[1] 选举时替候选人拉票，掌握基本票源的地方人物。

洛基先生已经连输了好几届，原有的大片产业全卖光了，每个亲戚都成为他的“拥护者”和“讨债者”。

他们准备好鞭炮和焰火，以供洛基当选时庆贺之用。

他们也准备好状子，以便洛基落选时送进法院。

以前他们不告，是因为洛基还有产业可卖，还可能东山再起。但是这一次，洛基只剩下一栋房子，如果输了，就再也不能翻身，谁晚一步，都将血本无归。

洛基今年的死敌米诺，是个正派人物。麻烦也就在这儿，正派人物有正派民众支持，那几个高水准的村落，洛基硬是没办法。而少了这些村子的票，洛基八成要落选。

“你千万不能拿钱去这些村子贿选，那只会造成负面效果！”洛基的参谋叮嘱。“有了！”洛基突然灵光一闪，从椅子上跳起来，“我们还是要去买票！”

带着大把钞票的兄弟，像前锋队一样，兵分几路，以最诡秘的姿态进入村子，每条街上各挑一家，敲门、送钱。

有些兄弟被轰了出来。有些兄弟的钱被对方冷笑着收下。洛基听说之后，则大笑着鼓掌：“这次我赢定了！”果然，满天焰火飞蹿。洛基当选了！

在火树银花的光彩中，许多正义村落的选民掉下了眼泪。原本要投票给米诺的人说：

“米诺太让我们失望了，他怎么也被污染，居然出来买票呢？为了表示抗议，我们没去投票。”

原先没决定投谁的选民则骂：

“米诺是不是瞧不起我？还是以为我非投给他不可？为什么只送钱给我街头的那一家？我就是不投他，偏要投给洛基！”

撞到一生的幸福

老罗最近真是倒霉，才打官司败诉，赔了不少钱，今天下午在高速公路上，车子又被人撞。

虽然是别人由后面撞，但平心而论，应该怪老罗自己。塞车的时候前面的车突然移动，后面车子跟着动，老罗却心神涣散、起步太慢，后面车子没想到，所以小小撞了一下。

老罗一惊，跳下车检查，只有保险杆凹进去一块，原本粘在车底的泥土被震落一地。那撞他的女人倒也干脆，立刻拿出驾驶执照和保险卡给老罗看，表示一定负责修理。谁叫她从后面撞老罗呢？再有理也是没理！

老罗回到家，正巧律师打电话来催讨律师费。

“拜托！拜托！再延迟个几天行不行？我最近真是倒霉到家了！今天被人撞，幸亏撞得轻，没事！”老罗把车祸向律师报告。

“天哪！太棒了！太棒了！”律师居然幸灾乐祸，“恭喜！恭喜！我帮你打这个官司。”

事情就这么妙，自从被撞，虽然没有半点外伤，老罗却每天头晕，验血、验尿、验脑波、照X光，连脑断层扫描都做了，就是查不出毛病，所幸诊疗费全由撞他那人的保险公司负担。只是由于三天两头检查，老罗连上班都受了影响。

“没关系！大不了被解雇！病却不能不看，而且要看名医，不断看！不断检查！”律师叮嘱，“头晕不是小事，可能影响你一生的幸福。记住！下次跟医生说，自从你被撞，连房事都受到影响，可能一生都不能再有性生活了！天啊！”律师喊着，“这不仅断送你一生的幸福，而且害了你老婆，只怕会离婚呢！”

“可……”

“不要什么可是、可是的，记住！你最近千万别让你老婆怀孕！”

两个多月过去。保险公司的律师终于出面了，两边坐下来谈了三个钟头，达成协议——

对方保险公司赔偿老罗三十万美金，但从此老罗一切病痛医疗，全部自己负责。

大概是被撞怕了，老罗把老爷车换成了奔驰。而且每次在高速公路塞车，他的起动是更慢了……

众望所归

“每家电视台，都有伊拉克入侵科威特的现场报道，为什么唯独我们的新闻漏播？”早餐会报，总经理一进门就拍桌子。

“不是我们的驻地记者没采访，实在是因为我们欠卫星公司的钱，已经拖了三个月，人家不给我们卫星转播啊！”新闻部经理解释。

“是吗？会计室主任等会儿到我办公室来，这件事要好好查明责任！”总经理翻了一下“新闻比较表”突然又跳了起来：“法条修正通过，人家都有详细报道，附加专题分析，我们怎么只见‘干稿’，连画面都没有？这可无关卫星了吧？”

“虽然不必用卫星，可是我们新闻部不论人员或机器，都只有人家的一半，跑得了这边，就顾不到那边。”新闻部经理快要哭出来了，“我不是早已经申请了吗？”

“人不够，当然要加人！机器不足，当然要加机器！会计室主任等会儿到我办公室来一下。”

才散会，会计室主任就报到了：

“这些案子确实有一段时间了，您不……”

“不急！”总经理打断他的话，“因为新闻部不是钱的问题，是人的问题，你先压着，但对外不用多说，让我把人事整顿好！”

于是新闻继续漏，品质也愈来愈坏，最糟糕的是士气低落，记者纷纷离职。观众责难的信件像雪片般飞至，董事会也骂了下来。连新闻机关的领导，都在餐会中问总经理：“贵台的新闻部是怎么搞的？”

“要整顿，要整顿！”总经理唯唯诺诺地说，“都怪我监督不周。”而且一回公司就向董事长报告：

“连新闻机关的领导都责怪下来，看样子我是非大动人事不可了，其实我有合意的人选，只因为沾点亲戚关系……”

“内举不避亲。”董事长说。

总经理果然大刀阔斧地整顿，原任新闻部经理下台，由总经理的小舅子接掌。

新人新政果然不凡，而且魄力大。买机器，添新人，甚至先斩后奏，没几个月，收视率直线上升。

“人不上路，早就该换！”董事长笑着说，“你办事，我们放心，不必避自己人，事情办好最重要。”

“原来新闻差，全是因为那个经理不上路。你看才换人，就大不相同了。”观众普遍反映。

“有魄力，不平凡，你老兄堪称知人善任，今之伯乐！”新闻机关的领导竖起大拇指。

总经理众望所归地获选为当年“电视风云人物”。

吃亏是福

画商尤老板匆匆忙忙地赶往香港，因为今天举行的中国艺术品拍卖会，有一张尤老板最感兴趣的——李大师的作品。

其实尤老板手上已经收藏了三十多张李大师的画，他还要再买的原因，倒不是为了一人独占，而是有不得已的苦衷。

“起价才八万港币？！”当尤老板听说那张画的超低价时，气得跳了起来，“如果真以八万卖出了，我手头的这批画岂不是全要贬值？那些花费近百万台币，向我买李大师作品的人，也一定会来找我算账，认为我卖贵了！”

这就是尤老板非去拍卖会不可的原因，而且不但自己去，还带了个朋友。

李大师那张画被抬了出来，果然八万起价。“九万！”尤老板喊。

“十万！”尤老板带去的朋友喊。

“十五万！”

“二十万！”

两个人一路竞价。整个会场被震慑了，人人转过脸，注意这两位大买家的出价。场上议论纷纷：

“想必是专收李大师作品的人！”

“我想是有点意气之争，谁也不让！”

“便宜了那个卖画的人！他怎么也不会想到一张烂画能卖到……”

四十万！终于落槌了，尤老板得手。

买来的那张烂画，没过几天就挂进尤老板的

画廊。

“您看看这张，画得那么马虎，居然在拍卖场上，喊到四十万港币。”尤老板对逛画廊的收藏家说，“您再看看旁边这些，我珍藏多年的李大师真迹，这么好的精品，才卖九十万台币。”

“真如你所说，烂画卖了四十万港币？”

“您不信，请看拍卖场的收据！”

“不用了！我买五张精品！”收藏家把支票交给了尤老板。

至于那张拍卖来的烂画？

尤老板也没吃亏，后来以四十五万港币卖给了一位海外客。

“拍卖场上，都已经卖四十万了！再脱手，还能不要四十五万吗？”尤老板理直气壮地说。

死敌

工会的主席去找老板：

“下一任的会长马上就要选举了，想必你早知道，竞争的人相当多，所以我需要你暗中支持，没有你的财力帮忙，我非输不可！”

“什么？要我给你钱，却帮你选上之后回来对付我？”老板跳了起来，“你没搞错吧？过去你指着鼻子骂我，骂得还不够吗？”

“是骂得不少！问题是，如果我不骂，还会有人让我当会长吗？而且骂了这么久，把你骂死了吗？把工厂弄垮了吗？工厂不是比以前还赚钱吗？”

“对不起！我没那么贱！我受够了，换个人当主席，说不定还能对我好一点！”“少做梦了！”主席笑起来，“没听说新官上任三把火？如果是你当选，能不好好表现表现吗？如果前一任三句一骂，你不两句一骂，就要显得你弱了吧！如果前一任争取到一年加薪百分之十，你不争取到百分之十以上，还有什么意思？所以等着瞧好了！你会更头痛！”

“那么你当选之后，能不能少骂一些呢？”

“不能！否则下一任我就甭选了！”

“你能不能少争取一点加薪的比例？”

“不能！否则有谁会投票选我？”

“这么说来，你一点也不比别人好，我何必支持你！”

“只有一个原因：过去我没把你整垮。我做事的方法你已经清楚，你的脾气我也知道，维持一个不至于要命的老对手，总比换一个可能要命，又必须重新估算、重新备战的新对手好些，不是吗？”

老板打开保险柜……

主席走出老板办公室，在外面等着的工会成员立刻拥了过来。

“果如我所料！”扬扬手里的纸袋，“他居然想贿赂我，不要我再出来竞选！”主席大声喊着，“我把他的钱捐出来，做工会的福利，而且一定竞选到底！”

他再度高票当选！

人情冷暖当自知

为自己活一次

换心人的心事

小林住进这个病房已经半年多了，刚进去的时候还能下床走动，现在插着氧气管都呼吸困难。他的手脚青紫、脸色发黑，眼看就要走到生命的尽头。

病房里其他的人，虽然不是心脏病，却跟小林同“命”相怜，半年多来，大家都在这儿等，等着救星出现。

两个等着换肾的人，多少年来不断地洗肾，已经不堪其苦。连他们的亲戚都少来了，似乎唯恐病人哀求自己捐出一个肾。

一位等着换肝的病人，腹水已经非常严重，用药之后，不断地小便。麻醉药力才过，就痛得在床上哀号。

问题是，在这个保守又富裕的小城，就是没人愿意捐器官。虽然医生接到车祸意外的消息时，曾经亲自出马，两个等着换肾的病人，也赶去哀求，却都被丧家的亲友骂了出来：

“他才被撞碎了头，你们居然又要开他的膛？”

肾和肝都没人捐，更不用说心脏了。这些日子来，几个人都把希望交给了老天。换肾的两个人许愿，要对待捐肾人的家属，如同自己的亲人，一辈子去报答。等着换肝的病人许愿终身吃斋、一生行善。至于小林，则什么都没说，因为他对生命已经失去了希望。

小林终于咽下最后一口气。

他的墓造得非常漂亮，是那三个同病房的朋友捐钱建的，他的墓前常摆着鲜花，是那三个难友在获得重生之后，亲自捧上的。

“没人捐器官给我，就让我把器官捐给别人吧！”小林的墓碑上，刻着他最后的两句话。

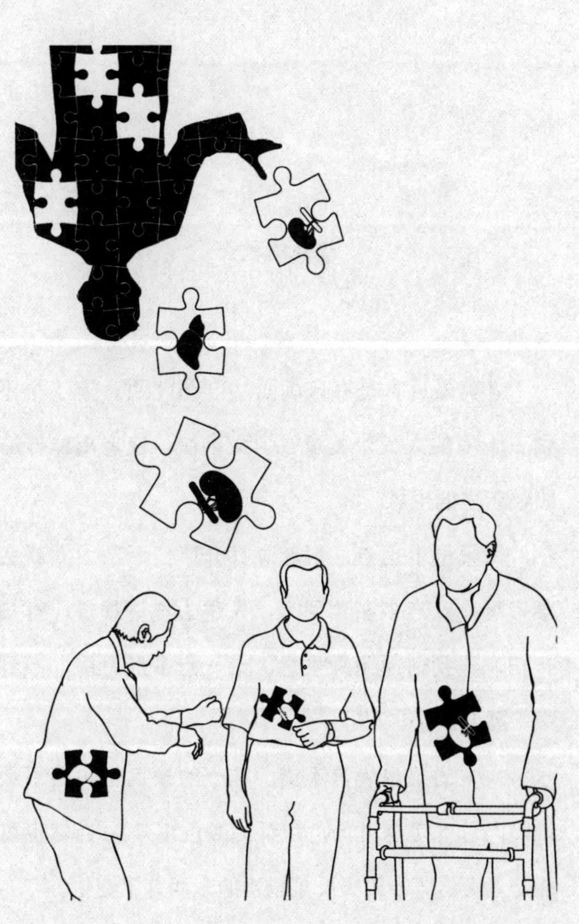

老莫的秋天

老莫最近真是春风满面。年过半百，娶了个不到三十岁的太太，又漂亮、又勤快，使老莫能专心照顾店里的生意。

每天早上七点，帮老莫打开店门后，太太就去菜市场，八点多买菜回来，先进去洗洗择择、打扫打扫，再到前面照顾生意，十一点多进厨房，不到中午就开饭了。

太太的菜也烧得不错，唯一的缺点是买菜不会挑，肉总像是冻过的，蔬菜的颜色也差。当然也可能是老莫这阵子没去，菜场卖的东西有了变化。

不过昨天那尾龙虾，吃起来味道怪怪的，实在让老莫气愤难平，卖鱼的老张是他以前的同袍，怎能这么不够意思！何况还贵得要死！

气了一夜，老莫原想叮嘱太太说说老张，一转眼太太已经出了门。眼看顾客不多，老莫干脆锁上店门，追去菜场。

当天不卖肉，菜场冷冷清清的，老莫没看见自己太太，倒找到了老张。

“好久没看到你太太了。”老张说，“而且昨天没有龙虾，我这里只前天傍晚收摊前卖了一只，给每天下班来买菜的先生。”

老莫糊里糊涂地走回家，太太已经开了店门，笑盈盈地说：“你到哪儿去了？今天买的蹄髈好漂亮，给你红烧吃！”

人性黑盒子

午夜，深山的小村落早已沉入了睡眠。突然一声震天的巨响，把每个人惊醒。

不是雷声，因为外面正是皎洁的星空；也不可能是炮声，因为这里贫穷得没有力气打仗。

但是山头那边竟蹿起一片火光，受惊的乌鸦发出“啊啊”的叫声，村子里的狗也吠成一团。

村民举着火把、拿着斧头，小心翼翼地朝山头前进。队伍中有人发出惊叫，因为树梢的露水滴在脸上，咸咸的，用火把照，是鲜血！

一个庞然大物断成几截，正在火中燃烧。到处都是断胳膊、残腿，甚至一块块的肉，挂在枝梢。

突然听见有人哀号，一个穿金戴银的贵妇正在飞机残骸间挣扎，才被拖出来，就断了气。

其他的乘客，不是被烧焦，就是被炸碎，没有一个生还。但是村民不死心，他们分秒必争地搜索，检查每一小片残骸，并不时发出哀叹……

城市里的救援人员一到，立刻就封锁现场，把继续在树丛间搜索的村民赶走。

遇难者的家属也赶来，坐在不能辨认的尸体间哭泣。

“既然命运相同，又分不出谁是谁，就葬在一块儿吧！”家属们决定将碎成片片的尸体放在一起焚化，一起哀悼。

他们一起到村子里喊话：“如果有人看见没有用的照片、记事本和证件，请丢进这个塑料袋。”举着袋子的家属哭泣着说，“我们会非常感激！”

航空公司也来了代表，愿出高价给捡到黑盒子的人。

圣诞老人来了吗?

真是太不巧了！别人都一家团聚过圣诞节，小李却要奉派出差。

临行前，小李特意跑去买了几样玩具和一个色彩鲜艳的大袜子。回家先把玩具交给太太，再将儿子叫到身边：

“真对不起，圣诞节那天，爸爸不能在家陪你，但是我给你买了双大袜子，只要把它挂在床边，圣诞老人一定来。第二天早上，你就会看到袜子里装满玩具。”小李搂着儿子亲了一下：“玩具不要弄坏了，爸爸过几天就回来，你一定要给爸爸看哟！”

圣诞夜，小李的太太早早就哄孩子睡了:“爸爸不是跟你说，早点睡觉，圣诞老人觉得你是乖小孩，就会送玩具给你吗？袜子挂在你门外，别开门，否则圣诞老人不高兴，就没玩具了！”

“可是咱们家没烟囱，圣诞老人怎么进来呢？”儿子不放心地说。

“你别管！圣诞老人神通广大，一定进得来。”

一个礼拜过去，小李回来才进家门，就把儿子搂在怀里问:“圣诞老人来了吗？送你什么礼物？”

“来了，来了！我怕他进不来，一直扒着窗子看。圣诞老人开汽车，他没按电铃就进来了！”儿子兴奋地喊着，“圣诞老人是张叔叔！”

火柴盒的回忆

把丈夫的衣服送去干洗，掏口袋时，她发现了个小火柴盒，看到上面印的字，她倒抽了一口凉气。

算来已是五年前的事，她大学刚毕业，在贸易公司工作，未婚夫则先一步出外念书。

有一天她跟同事到一家餐厅去，同事与老板熟，喝饮料不要钱。餐厅很豪华，前面还有个小舞池，老板介绍了几位男士给她们认识，聊聊天、跳跳舞，倒也十分尽兴。

没过几天，餐厅老板打电话邀她，同事没空，她便一个人去，临走，餐厅老板居然塞了把钱在她皮包里：

“知道你正凑钱出外念书，刚才聊天的几个朋友给的，他们做生意，有钱花不完！”

接下来的半年，几乎每天下班，她就跟那位女同事一起往外冲。

她终于结婚了，带去的钱，使夫妻俩能专心念书。她取得了硕士学位，更成为博士夫人，两人又一起回来创业。

听到丈夫的脚步声，她从回忆里惊醒，愤怒地冲过去，举起火柴盒吼道：“这是什么地方？”

“一个餐厅嘛！”

“有没有女人？”

“碰上几个去餐厅吃饭的女孩子而已。”丈夫脸色一正，“别以为是不正经的哟！她们都有正当的职业，听谈吐，就不俗！”

“笑话！”她浑身发抖，“到那种地方去的女人，真能正经得了吗？”

慈悲的死刑

“看看，有多少愤怒的民众，要置你于死地！”警察局局长探身窗外，又回头对站在桌前的犯人说，“你这是第几次逃狱了？你有本事逃，为什么没本事做个好人？逃出去又杀人，你就仗着本州没有死刑？”

犯人倨傲不答，居然还哼哼地笑了起来，连站在旁边的警官，都忍不住地想上去给他几拳。

“你也不要激动，陪我下去安抚一下群众！”局长拦住已经举起拳头的警官，并强力把部属拖出门去，“这家伙距死期不远了！”

他们从十楼坐电梯下去，把愤怒的民众请到

大厅。

“你们到底是保护好人，还是保护坏人？”受害人家属冲到局长前面，指着鼻子骂，“已有多少无辜的女孩被他害死了！把他放出来，让我们打死，法律不处他死刑，就让我们来处死他！”

“这样你们不是也犯杀人罪了吗？”

“我们愿意！”愤怒的吼声，震得老旧大厅的玻璃窗都嗡嗡作响。

突然外面传来一声惨叫，伴随着叮叮当当的金属撞击声。有警员跑进来报告：

“那家伙本想由局长办公室的窗外，攀着水管逃走，结果管子断了，摔得脑袋开花！”

“我说吧！他距死期不远了！”局长拍拍陪他下来的警官，“不过我窗外那条排水管，也早该修了！前几天已经发现九楼那边有松脱的现象！”

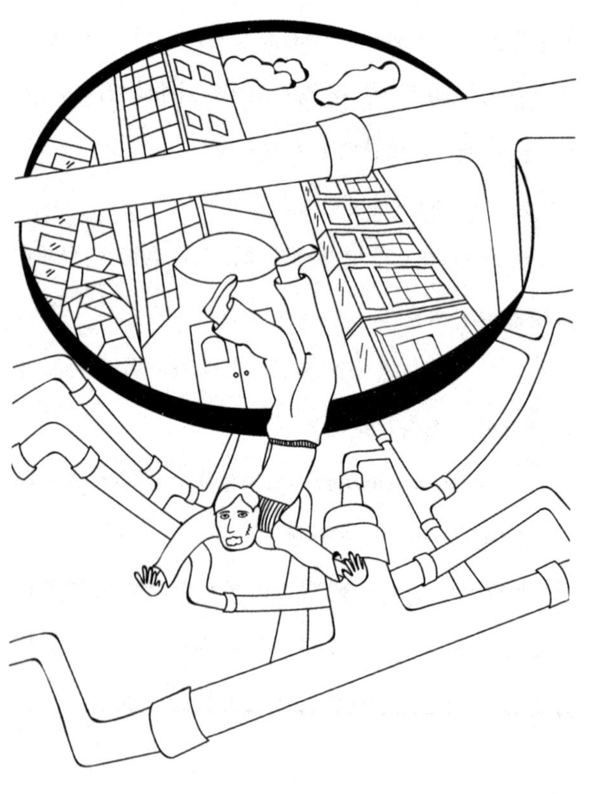

寡母的心

“给我滚出去！我不认你这畜生！”小弟才进门，老母就抓起扁担打过去，却被小弟一把抢了下来。

“放手！你想打妈妈不成？”大哥从里屋冲出来吼着，“下流无耻的东西！”

“你们不要逼我！”小弟突然发疯似的浑身颤抖，不但没把扁担放下，反而举得更高了。

眼看小弟失去了理智，哥哥冲上前一把将老母拉开，并给了弟弟一脚，只是没踢到，扁担却狠狠地挥了下来，从里屋赶来的嫂子，竟没能见到丈夫最后一面。

村里一片悲戚，人人都为老母失去孝顺的大儿子伤心。他陪侍寡母，近四十才结婚，年纪轻轻的媳妇刚怀孕，竟被那逐出门的弟弟一扁担打死，杀人者是非偿命不可了！

问题是，弟弟不但没偿命，而且好端端地回家了，原来老母和嫂子，都做证是哥哥先动手拿锄头砍弟弟，弟弟才自卫杀人，而锄头上确实有哥哥的指纹。

变故之后，老母变沉默了，只是常见她对着丈夫的遗照喃喃地说：

“老二原来要杀两个人，我救下一个！”

还是年轻人忘得快，没多久就听见小叔和嫂子的笑声，而且或许为了补偿，小叔对新生侄子的疼爱，简直就像父亲一般。

不敢当真

“这是我骗过海关带出来的大师得意之作，要是按他们官方规定的价钱，或是到知名画廊去买，最少四百万！”画商故意放低音量，“因为是画家私下脱手，我直接付美金，所以只合三分之一的价钱！”

富商将画买了下来，可是心里一直不踏实，一百五十万毕竟不是小数目，要是赝品，岂不是太吃亏了吗？只听说名家流传的真迹，一定有个胶泥印章，粘在卷轴上，这画被折在口袋里带出来，纯粹本地裱装，哪有胶泥印章的证明呢？

两岸往来日益频繁，富商在赴对岸考察时，特意请专业人士陪同，找到那位赫赫名家。

“我收藏了一幅您的画，据说是您的得意之作。”富商拿出准备好的照片，“不知是不是真的？”

画家拿起照片左看、右看，又叫来老妻一起鉴定，半晌，两人一起做了结论：“假的！”

富商气得几乎当场吐血，被骗事小，丢人事大啊！回旅馆整夜没睡好觉，第二天一大早，富商就独自叫车去敲画家的门。

“我要买张您的真迹带回去！”富商说，“不在乎多少钱！”

“可以！但是因为政府规定，艺术品只能由官方代理销售，所以现在我给你的虽是真迹，当着人，可就是假的喽！”

如来佛与孙悟空

一张照片从女孩子的皮包边缘露出来，小唐一眼就认出那是两人半年前郊游时拍的，因为动作太亲昵，除了洗出来的这张交给女孩子保管，底片早进了垃圾桶。

没想到女孩子对它这么珍视，居然随身带着。“开她一个玩笑！”小唐趁女孩子不注意，把照片藏进了自己的便装口袋，心想：“等下她找不到，一定会急死！”

才进家门，太太就说公司急电，有正式的宴会要参加，小唐匆匆忙忙地冲出门去，宴会中见人拍照，心头突然一惊："糟了！女孩子没发现丢照片，自己也忘了这碴儿，那见不得光的照片，还在便装口袋里，而便装扔在家里的沙发上。"

整个宴会下来，小唐都如坐针毡，照片要是被太太掏出来怎么办？没准儿立刻就有一番好打了！他胆战心惊地摸回家，太太笑脸迎人，小唐心头总算放下了一块大石头。

"可是！可是照片怎么不见了呢！"小唐找到便装，左摸右摸，都没有！不禁哑然失笑："原来女孩子早拿回去了！真鬼，也不吭一声！"

"喂！你是不是偷了我的照片？"才进办公室，就接到女孩的电话，居然还装傻，小唐笑着骂回去："我还要问你呢！是不是从我的口袋把照片拿了回去？"

"我没拿！是否掉了我不管，你再洗一张来！""底片早扔了！"

“哦！我懂了！”女孩居然翻了脸，“你是怕把柄落在我手里，所以偷回去灭迹吗？你如果要，就直说好了！何必要诈呢！”

任小唐怎么解释，女孩都不听，只为一张照片，相交一年多的密友，居然吹了！

这已是多年前的事，但是直到今天，每次太太碰到那件便装，小唐的心都一阵怦怦狂跳。真正的问题是，他始终不懂，到底照片是女孩拿回去，借机分手呢，还是落入了太太的掌心？

难道太太是如来佛？

小唐觉得自己愈来愈像孙悟空了！

艾滋病哪里来？

“分手吧！”交往了五六年，男人突然提出这样的要求，“艾滋病太流行了，就算我们彼此信任，怎保你先生不在外面拈花惹草？”

“笑话！我丈夫绝不可能！”她跳了起来，“我清楚他！”“他不是也自认为清楚你吗？你又如何？”

她不出声了，觉得受到双重的羞辱，穿上衣服离去，再也没有回头。

事隔三年，突然接到他的消息，不是他来找她，而是他的老婆打电话来：

“他死了！死于艾滋病，我知道你们的关系，你最好检查一下！只怕是潜伏得久一些，离死不远了！”

豆大的汗珠突然冒出额头，她觉得浑身酸软，回想这两年来莫名的疲惫，赶紧跑去检查。

报告出来，她松了口大气，拨电话给他的老婆：

“告诉你，我没有得艾滋病，绝对是你传染给他的，你早该死了！”

“谢谢你，老天保佑我，早就跟他分房了，我很健康。”他的老婆笑道，“他是三年前发现有病的。”

“三年前，正是分手的时候，他是为了不传染给我，所以提议分手？问题是，谁传染给他，难道……”

放下电话，她心里涌上喜怒哀乐……千百种滋味。

破案如神

做记者不过十天就掉了东西，汤玛斯真是懊恼极了！

如果是被偷、被扒，倒也没话说。气就气在全怪自己粗心，行李箱破了还不晓得，等停车时才发现，照相机早不知掉到哪儿，或被车压成什么样子了。

当然小偷也不可能看上那种过时的傻瓜相机，只有像汤玛斯这样初入社会的年轻人，会把它当成一回事。

“为什么不早说呢？”事隔半个月，一位记者同事哈哈大笑着说，“快报警啊！”“我又不是被偷，报什么警？”

“照样报啊！保准他们找得到，何况你又专跑警政新闻。”说着，拨通了警局电话：“喂！罗西巡佐吗？我们的汤玛斯大记者，掉了一架照相机，你们帮忙找找。”

事情真妙，第二天警局就把汤玛斯请去：

“照相机找到了，请您签收！”

“这不是我掉的那架啊！”汤玛斯接过新型的单眼相机。奈何警察硬是坚持没错，只好签了字。

转眼这已是三年前的事。

汤玛斯也由一个社会新人，成为资深记者。破机车换成名牌新汽车，里面有数台音响、液晶电视和手机。

但是汤玛斯很少戴他的满天星名表。因为东西掉了，总能很快地找回；人若是被绑架，可就不保险了！

蛛丝马迹

听说丈夫在南洋有了外遇，她简直难以相信。丈夫一向循规蹈矩，薪水也按时寄回，每隔两个月回家团聚的十几天，更表现得小别胜新婚，怎么可能另结新欢呢？

何况传话的人说，那女人只有小学毕业、相貌也不出众。她丈夫是那样高品位的人，居然会看得上这样的女人，更令她百思不解。

不过有了怀疑，丈夫才回来，蛛丝马迹就一一呈现。

先是西装上衣里面，原本没有扣子的口袋，居然出现了扣子。她故意问:“手真巧啊!怎么在外没两年,自己会钉扣子了?”

“是找裁缝缀的,免得皮夹子滑出来。”

“那么外面的扣子,也都是裁缝帮你把每个再多缝几针的喽?”她追着问,低头却发现丈夫从外国为自己和孩子买回来的新衣服,也有着同样的情况。

接着男人脱下西装裤,她赫然看见内裤上沾到的染发剂:“敢情穿着内裤染发?这是哪一门子理发店?”

“外面染发贵,自己动手,不小心滴到的。”男人若无其事地走去淋浴,肚子小了,看来更结实而年轻。

她捡起男人扔出来的袜子,下意识地拉平,手指有些奇怪的触感,发现一片缝补的地方,与袜子同色的细线,像是编织一样,把破绽处缝合得几乎看不出来。

她走出卧室,把袜子交给用人,颓然倒进新买的皮沙发里。

仁者的恐惧

小宋一晚上连赶三场应酬，又被拉去酒吧，告辞时已经深夜两点。所幸路上的人少，可以加足马力往前冲。

没想到有人比他冲得更猛，一辆机车“嗖”的一声就超过了小宋，说时迟那时快，不知是因为下坡速度太快，还是桥面不平，那机车突然弹起来，连翻几个筋斗，骑车的人就像布偶似的被抛在空中，跌落桥面。

幸亏小宋的反应快，不然车子一定会轧过去。

尽管没压到，小宋心想那人也必受了重伤，因为他很清楚地听见车子撞上桥墩的声音。

小宋将车速放缓，想下去急救，这是医生的天职，医生不去救，还有谁救得了他？

可是小宋又迟疑了，他虽然被称为宋医生，但执照是租来的，如果警察或新闻记者赶到，发现自己是密医，怎么办？

小宋想着一阵心寒，脚下的油门踩得更重了。

第二天早上，小宋特意绕路过去，地上果然一摊血，还用粉笔画了人形，想必是死了。

又过两天，桥头灯柱上居然挂出一张私人的告示:“家兄于某月某日在此桥上惨遭撞死，肇事者逃逸，若有仁人目睹，出面指认凶手……”

“我就是仁人！”小宋对太太说，“可是做医生的见死不救，又怎么叫仁人？”他突然灵光一闪:“对了！至少我可以告诉他家人，死者是骑太快，自己翻车的，也好让他家里能心平气和地料理后事。”说着拨通了告示上的联络电话：

“我要告诉您有关车祸的消息。”

小宋才开口，就被对方打断：“谢谢你！我们已经接到好几通电话，凶手的车号是不是××？刚才已经报警，非把他剥皮不可！”

小宋一怔，觉得那车号好熟啊！

我为你而生

当医生宣布检验结果的时候，莫里斯夫妇先是张着嘴、呆立在那儿，久久不能说话，接着妻子一声哀号，扑倒在丈夫怀里。

她近四十岁才结婚，经过一天一夜的难产挣扎，最后还是开刀才生下的独子，居然四岁不到，就患了少有的怪病。

“只有脊髓移植，才救得了这个孩子。”医生说，“而且必须是兄弟姐妹的脊髓，里面同时有你们夫妻的遗传基因才行。也可以说：你们做父母的，不适合移植！”

“如果不移植，还能拖多久？”莫里斯太太突然抬起泪脸，盯着医生问。“顶多一年！”

莫里斯太太低下头，隔了十几秒钟，喃喃地说：“好！给我们一年！”说完就拉着丈夫冲出门去。

已经四十三岁，原来说绝不再生孩子的莫里斯太太居然又怀孕了，消息马上传遍了小城。

“反正前一个孩子活不了，不如趁早再生一个！”每次有人问，莫里斯太太都冷冷地回答。问话的人听到之后，反倒不知怎么说好了。是恭喜呢，还是表示惋叹？

孩子出生了，又得个男孩。虽然是高龄产妇剖腹生产，孩子倒长得十分健康。

莫里斯太太出院时，把孩子留在了医院。每天赶去探视，先看那将死的大儿子，再看新生的幼子。

大儿子的主治医师，也常陪着莫里斯太太跑到育婴室去做各种检查。

两个多月之后，莫里斯太太在医院为孩子举行了庆生会，庆祝新生儿的降临，也庆祝大儿子的重生。

“将来他们兄弟的感情一定特别好！”莫里斯夫妇对来采访的记者说，“因为没有老二，老大就活不了。没有老大生病，老二也不可能来到人间。这是多完美的安排呀！”

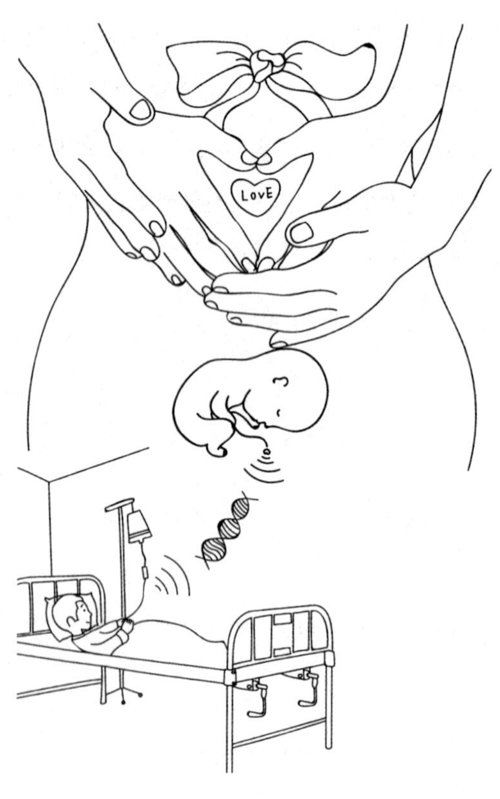
LOVE

为自己活一次 ②

[美] 刘墉 著

天津出版传媒集团
天津人民出版社

为自己活一次

一言一行皆是智慧

为自己活一次

随时、随性、随遇、随缘、随喜

三伏天，禅院的草地枯黄了一大片。

“快撒点草种子吧！好难看哪！”小和尚说。

“等天凉了，”师父挥挥手，“随时！”

中秋，师父买了一包草籽，叫小和尚去播种。

秋风起，草籽边撒、边飘。

“不好了！好多种子都被吹飞了。”小和尚喊。

“没关系，被吹走的多半是空的，撒下去也发不了芽，”师父说，“随性！”

撒完种子，跟着就飞来几只小鸟啄食。

“要命了！种子都被鸟吃了！”小和尚急得跳脚。

“没关系！种子多，吃不完！”师父说，“随遇！”

半夜一阵骤雨，小和尚早晨冲进禅房：

“师父！这下真完了！好多草籽都被雨冲走了！”

“冲到哪儿，就在哪儿发芽！”师父说，“随缘！”

一个多星期过去。

原本光秃的地面，居然长出许多青翠的草苗。一些原来没播种的角落，也泛出了绿意。

小和尚高兴得直拍手。

师父点点头：“随喜！”

铁口相士箴言

某相士铁口直断，断无不验，举数例，以资读者牙慧！

一

两姐妹去算命。

“你三年前被人倒了一笔钱。”算命先生对妹妹说。

“是啊！您真是太准了。”妹妹击掌称好，旁边的姐姐却有了意见：

“我当年跟妹妹一起被倒钱，您为什么没看出我呢？”

算命先生一笑：“请问，当时是你比较伤心，还是你妹妹比较伤心？”

“当然是她！她差点气得跳楼。”姐姐说，“至于我，钱嘛！身外之物，我看得开！”

“这就对了！那笔倒掉的钱，伤了她的命，没伤你的命，所以只在她的命里留下疤痕。”

二

两兄弟去算命。

“明年三月，你们都要发一笔财！”算命先生说。

二人兴冲冲地走了。

第二年的四月，两兄弟又登门。

哥哥一见面就道谢：

“您真是金口，我上个月果然接了笔大生意，赚了不少。”

弟弟却直叹气：

“我上个月在办公室摸彩，中了一千块钱的小奖，难道也算发财吗？”

“当然算！”算命先生说，“同样的财运，也要看你怎么去把握。运气就好像火种，可以点亮一支蜡烛，也可以点燃一个火把，点爆一座火药库。当运气到了的时候，正巧你哥哥在努力做生意，所以点亮他的生意。正巧你在摸彩，于是让你中了奖。”

三

某人去算命。

“您正当运，挡都挡不住！”算命先生道喜，“唯一要注意的，是别跟也正当运的人斗，两虎相斗，必受伤！就好比钻石戒指不要跟钻石戒指摩擦一样的道理。”

“那么表示我可以跟不当运的人去斗啰？”

“那也不行！”算命先生沉吟了一下，“当运的人去欺侮不当运的，是不厚道。不厚道的人，运走不长！”

“照您这么说，我是谁也不能斗了！”

“可不是吗！人愈在运上，愈要谦和收敛，不但不能斗人，即使有点小亏，也不妨吃着。”算命先生笑道，“有福气，不独享，与大家分享，福泽才绵长！”

四

某人去算命。

“你这一年，运气极佳，无往不利！”算命先生说。

一年没过，某人怒气冲冲地跑来：

“你说我运气好，可是你知道吗？我上个礼拜差点没命！”

“你到哪儿去了？”

“我去了中美洲的战区。”

“这就是了！”算命先生请某人坐下，“你想想看，从古到今，有多少算命的，他们为什么没算出唐山大地震，也没料到南京大屠杀？按说他们早会发现许多唐山和南京的人，分别在同一个时间死，而能知道有大灾难来临，但他们为什么没能预警呢？”算命先生叹口气，“如果一个好命的人，偏爱跟亡命之徒在一起。或一个好运的人，碰巧和一群坏命的人搭飞机，那一条好命是敌不过许多坏命的。天灾人祸也是这样。个人的命再好，碰到天灾人祸，也是挡不住的！”

某人怒气平息了，算命先生送他到门口，叮嘱他说：

“人命易算，天命难测！自求多福，趋吉远祸！”

五

某人去算命。

算命先生看到生辰八字，才屈指，就摇了头：“恕我直言，你恐怕过不了五十五岁那关！”

事隔多年，某人已过六十，事业宏发、身体健朗，笑吟吟地又在命相馆出现：“您还记得我吗？您曾经算我过不了五十五岁。”

算命先生一惊，再问一遍生辰八字，算了许久：

“没错啊！你应该过不了五十五啊！除非你是大善人。”

“难道我这些年行的善事，可以改命？”

“当然！许多人的坏运，都因为你的善行而改好了，你自己的运能不改吗？这世界就像水，总是平的。你今天送出一些水，明天又送出一些水，虽然是注进别人的水面，那水还是要回流的。回流之时，常是你缺水的难关。”算命先生长身一揖：

“命由己作，福由心生。积善之家，必有余庆！大善人的命，难从天定，更由不得我算了！”

吊灯事件

“你如果不把吊灯留下，我就不买房子了！”老黄狠狠地拍桌子，“灯当然是房子的一部分。”

“你如果不付我额外的吊灯钱，我绝不会给你这个灯！”卖房子的人也硬，“不买就拉倒！”

眼看双方就要打起来，还是黄太太聪明。“你先别冲动，不买就不买，也用不着动火。”她把老黄拉出门外，“我来对付屋主，看他卖不卖？”

妙的是，黄太太进去没五分钟，屋主居然卖了，全照老黄的条件，而且吊灯免费留下来。

老黄搬进了新居，朋友来访，他最得意的就是说那吊灯的事，当然总要赞美太太几句：

“也多亏她有本事，两三下，就把卖主摆平了。”老黄太太抽了口气，“要不如此，房子就泡汤了。别说这两月房价大涨，我已经赚了一票。这么好的房子，就算有钱，也碰不上啊！”

有一天，老黄又跟朋友吹嘘，黄太太终于忍不住了：“不要再提吊灯了！我告诉你当初怎么摆平的。我只是把吊灯钱偷偷塞给屋主罢了！”

“什么？”老黄勃然变色。

“你买的是房子，不是吊灯。何必为小事影响了大局？”黄太太说，“我问你，如果真为吊灯，没买下这栋房子，你今天后悔不后悔？”

老黄怔了一下，突然扑哧一笑：“对啊！还是太太高明，我怎么那样糊涂，差点为了万把块钱的灯，弄砸两千多万的房子。”

异样的光彩

自从搬到宾州，他们就很少去纽约的中国城了，但只要去，甚至只是路过，他们就一定会到那个包厘街角的花店看看。

他们跟开花店的老夫妇认识已经二十多年，那时候中国城还很小，花店里的花，却比今天多得多。

他们是被一盆栀子花吸引的。五十多岁的老板，在太太的协助下，为他们把花包好，把花递到她手上时，老板的眼里突然露出异样的光彩，回头叫老板娘：

“看！多漂亮的一对华人夫妇！”

同样的光彩，也便从老板娘的眼里闪了出来。

一路上，他们都谈着那种光彩，觉得自己身上也散发出光彩。他们确实是一对璧人，但众人的赞赏已是多年前的事。三十几岁来到异国打拼，只觉得洋人一个比一个酷帅性感，而遗忘了自己的光华，如今突然获得那对夫妇的赞美，怎能不令他们有一种惊喜，甚至是一种重拾自信的感觉呢？

而且那句话显然不是出于奉承，因为没有人眼里假装得出那种光彩。

或许就为了那光彩，他们去了又去。妙的是，那对老夫妻，每次一见他们进门，就又会重复那句话、那种光彩。

后来老先生去世了，老太太一边颤抖着为他

们捡花，一边还是不时回过头来，打量他们，直点头、直点头，又笑着看看背后墙上。

一张泛黄的结婚照，装在老旧的相框里。他们征求老太太同意，走到柜台后面细看。多英挺美貌的一对啊！眼前这位老妇的眉间，仍读得出当年照片中的娇丽。

“是吗？”老太太笑笑，“你们才是真漂亮的一对！”

这次去，距上回已有半年了。

走进花店，才发现全变了样子，原本灰暗的室内，成为浅粉红的色调，放切花的冷冻橱窗加大了，里面是五颜六色的各种花朵。柜台上插了两盆鲜花，芦梗编的篮子，篮边还围着一圈荷叶裙，真是美极了！

出来招呼的是对年轻夫妇。老人家呢？

“去世五个多月了，我们把店买了下来。”

接过花时，他们都僵了一下，好奇怪的感觉，为什么没听到“多漂亮的一对华人夫妇”？为什么眼中没有奇妙的光彩？

他们这才发现自己老了。近六十岁，女人弓了背，男人秃了顶，又挺了小腹。只是或许在原来那对老夫妇的眼里，他们仍算是年轻的一对。

他为抱着花的妻子拉门。

妻子走到一半，突然转过身，盯着那对年轻的店主，眼睛里闪出异样的光彩：

“看！多漂亮的一对华人夫妇！”

庸医与华佗

“你子宫里长了东西，最好尽快动手术！”医生说。

病人的脸色一下苍白了，怪不得最近总是虚弱心慌，幸亏遇到这位名医，就算是恶性肿瘤，发现得早，也应该不至于扩散。

手术很快就安排好了，手术室里都是最新的医疗器材，这位妇科名医已经有上千次手术的经验。

肿瘤不大，只需切开一个小小的口。医生打

开病人的腹部，向子宫深处观察，准备下刀，他有把握将肿瘤一次切除，使病人永绝后患。

但是他突然全身一震，刀子停在半空中，额头上冒出豆大的汗珠。

他看到了令他难以置信的事，一件在他行医数十年之间，不曾遭遇的事。

子宫里长的不是肿瘤，是个胎儿。

他矛盾了，陷入挣扎。

如果下刀，硬把胎儿拿掉，然后告诉病人，摘除的是肿瘤，病人一定会感激得恩同再造，而且可以确定，那所谓肿瘤，一定不会复发。他说不定还能得个“华佗再世”的金匾呢！

相反，他也可以把肚子缝上，告诉病人，看了几十年的病，他居然看走眼了。

这不过几秒钟的挣扎，已经使他浑身湿透。小心地缝合之后，他回到办公室，静待病人苏醒。

医生走到病人床前，他严肃的神情，使病人和四周的亲属，都手脚冰冷，等待癌症末期的宣判。

“对不起！太太！我居然看错了，你只是怀孕，没有长瘤。”医生深深地致歉，“所幸及时发现，孩子安好，你一定能生下个可爱的小宝宝！”

病人和家属全呆住了，隔了十几秒钟，病人的丈夫突然冲过去，抓住医生的领子，吼道：

“你这个庸医，我要找你算账！”

孩子果然安产，而且发育正常。

但是医生被告得差点破产。最大的伤害，是名誉的损失。

有朋友笑他，为什么不将错就错？就算说那是个畸形的死胎，又有谁能知道？

“老天知道！”医生只是淡淡一笑。

最惨烈的画面

某地爆发了动乱，世界各国的电视公司，都紧急调派记者，前往现场采访。

问题是：

很少有记者能精通当地的语言。

发生动乱的那个国家，已经宣布戒严。记者不但难取得签证，而且入境之后，也被限制了行动的范围。

记者们试着托关系、走后门，甚至偷渡进入那个国家。许多人被半路抓到，送进监狱。好几个进入动乱区的记者，都被流弹击中，抬了出来。

珍贵的新闻录像，总算在自由世界播放了。每家电视台都大吹大擂，说自己的画面，是流了多少鲜血之后，才换得的。

观众们不断地转台，比较各电视台的差异。

没多久，大家的频道全停在了同一台，因为这一家的画面不但比别家多十倍，而且都是那么珍贵、那么惨烈！

“砰！”有人抱着胸口、淌着鲜血，就在镜头前倒下。

世界各大电视台都慌了，为什么这一家能拍到那样多的珍贵画面？难道他派了几十个记者进去？不可能啊！

采访人的，居然成为被采访的对象，大家纷纷采访那电视台的负责人。新闻部的主管，更获得了国际新闻大奖。

在颁奖典礼上，获奖的主管做了简短的致辞：

“什么是新闻？最真实的新闻应该是用大家的眼睛来看，而不只是用记者的眼睛。最真实的新闻，要深入、进入群众！可是面对那么大的运动，我们的记者不容易立刻进入状态，人也不够用。所以当我派记者去时，叫他们带了十几架小摄影机。这种八厘米的机器，不但便宜，而且人人一学就会。我们把它交给当地的民众，带着去冲锋、带着去开会、带着进医院，当然获得了最接近现场的画面。”他环视惊愕的观众，笑笑，“当我们看到那惨烈的画面时，有谁会问摄影的品质好不好？镜头取角美不美呢？大家要的只是真实。而我们电视台，给了大家最真实的感受，也打赢了一场最真实的新闻战！”

查税风波

“别人的账不查，为什么专查我的账？”

接到税务局的通知，胡老板跳了起来，“砰”的一声，跌进沙发，想了一阵，狠狠拍桌子：

“一定是对门的小张捣鬼。他看我生意愈来愈好，不少顾客被我抢过来，眼红，所以去告发。”胡老板指着对门，一个字一个字地说：“好！等着瞧！”接着交代业务部：“我们再降价，把对面的生意全抢下来。”

“不能再降了！我们已经赚不到几个钱了！”

业务主任直鞠躬。

“赔钱也要给对面那小子一点颜色瞧瞧！”胡老板手一挥，“立刻办！”

没隔几天，小张的公司果然停业了。关门前，居然还偷偷问老胡的属下，能不能收购一些他的存货。

“他早做不下去了，十分可怜的样子，据说跟太太也离婚了。”职员向胡老板报告。

“看样子，不是他暗算我。那么会是谁呢？”胡老板又陷入沉思，脑海里闪过一个人：

“离职的小陈！对了！一定是他，他对公司的情况最清楚，又是被我踢出去的，他记仇，所以检举我。”突然想到小陈的女友还在公司，胡老板想通了：“这是内神通外鬼，立刻请那女的走路！”

“小陈跟他女友早吹了！”刚把小陈的女友辞

退，居然就听到这个消息，而且据说小陈已经出国，那女的又失恋又失业，差点去自杀。

“看样子也不是小陈捣鬼。”胡老板真糊涂了，“会是谁呢？”正巧有笔生意的单子过手上，胡老板总算弄通了：“原来是这个家伙！他硬杀价，我偏不让他。”胡老板一拍脑袋：“只怪我生气的时候，说‘除非你不要开发票’，于是被他抓到了小辫子。”

胡老板拿起电话，就骂了过去：“我看你是个小人，以后不必再往来了！”

那人居然还装傻，直问是怎么回事。胡老板“啪”一声，就挂了电话。

税务局的人终于来了，胡老板补缴十几万，总算过了关。

税务人员离开时，胡老板亲自送到门口，终于忍不住问道：

“为什么这次会挑上我们公司？”

“哦！电脑抽查，一次要查几千家呢！”

死鬼的车

“三年新凯迪拉克四门轿车，只要一百美元，机会难得，敬请把握。”

看到社区报纸登的这个广告，查理从椅子上跳了起来：“才三年，凯迪拉克，怎么可能只要一百块？这一定是开玩笑。”

旁边的同事抢过报纸，看了一眼，就把报纸甩了回来：“当然是开玩笑，说不定有什么陷阱。”

“再不然是撞死过人，鬼车，在闹鬼，哦……”另一个同事装作见到鬼发抖的样子。

硬是不信邪的查理，还是决定打个电话过去。

接电话的是个女人，声音寡里寡气的："我知道可以卖八千块，可是我偏偏只要一百块，你信，就来看看。"

放下电话，同事都摇头说："小心为妙，贪小便宜尚且会上大当，何况贪大便宜，只怕有麻烦。当心被老巫婆吃掉！"

查理想想，心里有点毛，可是实在心动，而且十分好奇，眼睛前面仿佛正有一辆凯迪拉克的轿车向自己招手。下了班，他立刻不动声色地冲到老巫婆家。

虽说用了三年，但简直像全新的一样嘛！当那老女人打开车库，查理眼睛都亮了。

"一百块？"查理又问了一次，这已经是他进门之后问的第八次，"不会有什么大毛病吧？"

"当然没有！我那死鬼，买了之后根本就没开过几回。”

“死鬼？”查理心头一凉。

“他死到加州去了，搭上个年轻女人。”老女人愤愤地说，“居然要跟我离婚，说房子归我，车子叫我帮他卖了，把钱寄过去，卖多少钱由我看着办。”边说着边嘿嘿嘿地笑：“我现在就看着办，一百块！你要不要？”

“今是”里有“昨非”

徒弟去见师父：

“我终于悟了！觉得‘今是而昨非’，以前的几十年，我全错了，可以再也不去想，只当那段日子根本不存在。”

“嗯！”师父说，“好极了！明天到山下的花店，买一把晚香玉来，要直直地去，不必绕路。”

“但不绕路就得经过风化区呢！”徒弟急着说。

“你去买花就是了！”师父挥挥手。

花买回来了，一入夜，馨香就四面泛滥，整个屋子都变得芬芳了。

“是照我嘱咐的，去那家花店买的吗？”师父问。

“是！”

“经过了风化区吗？”

“经过了，过了两次。”

“你不是去买花吗？怎么到了风化区呢？”师父眼里闪出寒光。

“但是不经过那个风化区，就买不到花。”徒弟急忙解释。

“经过那种脏地方，花还能香吗？”

“香！香！您没闻到吗？比刚买的时候还香呢！”

“这就是了！你不经过以前那段日子，哪里能有今天。甚至可以说，你没有迷失的痛苦，哪能有寻得的欢喜？过去的虽然过去了，但永远有那段过去，你不能不承认它的存在。只是而今你虽然出于污泥，却能成一朵莲花罢了。”师父露出慈颜，“觉今是而昨非，虽然是悟，却不是大悟。大悟就无所谓‘昨非’了，‘今是’里有‘昨非’呀！”

浴火重生

美国加州发生了大火，在沙漠焚风的助势下，四天时间，大火把自洛杉矶到墨西哥边界的十八万亩林地，烧成了一片焦土。

七千多名消防队员和义工，在十七个火场和野火对抗。他们先试着阻止森林大火，接着退守住宅区，避免财物的损失，最后则只要确定居民能够安全撤离，就已经觉得万幸。

有些居民早上打开电视，看见森林火灾的报道，接着发现火苗已经蹿过对面的山头。

有些人出去度假，回家时只能面对一片废墟。

有些坚守家园的人，不断朝自己的房子喷水，却发现喷出的水，在炙人的热风中，瞬间就被蒸发。一转眼，屋子就腾起了烈焰。

七百多栋房屋成了灰烬，这些建在山头的房子，许多是价值百万美元以上的豪宅，除了八个亿的一般财物损失，无数珍贵的收藏，也付之一炬。

失去家园的人，在废墟上找寻剩下的值钱东西，许多人喊着猫狗的名字，更多人相拥而泣。

“过去我什么都有，现在我什么都没了。逃走的时候，连衣服都来不及抓一件。”一个灾民接受记者访问时说，“不过，我还有很多朋友，来帮助我的，都是我的好朋友！”

“以前我认为我们的军事最进步、火力最强。”一个军人说，“现在才发现，我们派直升机和空中加油机，投下一吨又一吨的水，还是控制不住火势。”

“为了灭火，我们不得不调来几百名囚犯帮忙。”一位警官说，“岂知我们救的，却可能是人为的纵火。”

“可以想见的是，这里将种满新树，盖满新房，成为更漂亮的小区。”一个建筑商说，“四周新种的小树，不再容易起大火，以后这里会是最安全的！”

古董店的奇谭

这是一家闻名遐迩的古董店，据说从埃及艳后的粉盒，到罗斯福总统表弟的拐杖，店里全有。

许多古董收藏家都定期来“打猎”，连大都会美术馆的鉴定家，都按时报到。

但如果你是第一次去，可要小心！

第一，你千万别带背包，因为背包转身时，容易碰倒东西，这古董店奇挤，东西摆得满天满地，你一定会闯祸。

第二，当你一件一件欣赏古董的时候，如果

有个古董突然动了，开口跟你说话，你可千万别被吓出心脏病。因为这店里除了古董还是古董，连店员的年龄都平均在七十八岁以上，是真真实实的活古董。

活古董做店员有很大的好处，譬如他（或她）可能说：

“这是我堂姐的布娃娃，她死了，娃娃才能拿出来卖，她爱这娃娃爱得要死，足足抱了七十年，还是抱着娃娃断气的！”

“这是我大哥常坐的椅子。我大哥有帕金森症，抖抖抖，不停抖，这椅子让他坐了几十年，却一点都不抖。据说玛丽莲·梦露到我大哥家，还在上面坐过。”然后小声对着顾客耳朵说：“玛丽莲·梦露跟我大哥有一腿！哈哈哈！”

这种故事，在这个古董店可多了，每个古董都有一大段历史，每个店员都跟古董的主人认识。

到古董店买东西的，有年轻人，也有老人家。年轻人是为买古董，喜欢有“古意”。老人家则是买回忆，进入古董店，好像回到年轻的时候。

“天哪！一把牙刷！一把我小时用的，那种牛骨柄、猪鬃毛的牙刷！”一个老头在尖叫，“天哪！天哪！太美了！”

“我以前把炭火烧红了，再往这后面的小洞里，一块块地放下去，然后就可以熨衣服了。”一个老奶奶指着一只铁熨斗对孙女说，“一不小心，衣服就烫焦了！”

接着，牙刷和熨斗就卖了出去，而且卖得不便宜。所以古董店的十位店员，收入相当不错。

“又有回忆，又有收入，又常看到老朋友，这工作真好！”一个店员在接受记者访问时呵呵地笑着说，“所以有很多人排队，等着进来工作，所幸人流动得快！”

“可是你们怎么去收集这么多古董呢？不怕缺货吗？”

“不怕！不怕！我们卖得快，也进得快！我们从来不买东西进来，都靠捐献。”

“捐献？”记者不解地问。

“靠我们这些店员。”老店员笑道，“不过在店里工作的时候，都不捐，谁舍得把自己喜欢的东西捐出来呢？我们只卖、只收钱，收了钱补贴生活。”

“那么靠谁捐呢？”

“靠我们啊！进来之前都先立遗嘱，生不带来，死不带去。”老店员神秘地笑笑，“前天刚死一个，昨天已经去点收了，今天下午就有一大车货运进来。有个瓷娃娃，值好几万呢！”

买药与买书

“如果今天她再忘记，我非跟她离婚不可。”小孙下班前，愤愤地对同事说，“已经有好几次，我请她在菜场旁的药店，帮我买降血压的药，她买了菜，居然忘记买药。”

“可见她不是懒，而是真忘了。”同事说，“否则顺便的事，何乐而不为？”

“她就是存心不找乐子啊！”小孙火更大了，“非等我回家，发了火，她再匆匆忙忙跑去买。有一次，我刚进门，她就向外冲。原来是看到我，才想到药。”“那么,你何不现在打个电话提醒她？”同事拍拍小孙,“夫妻嘛！她又不是故意的！”

“我就不提醒她，看看她心里有没有我。”小孙狠狠地拍了一下桌子，提起公事包。

“你先别走！”同事赶紧拦下他,“我没要你直接提醒，你何不这么……”同事小声地说。

小孙想了想，拨了通电话回家:“我要去书店逛一下，看看有什么新书，晚半个小时到家。”

小孙根本没去书店，他准时进了家门，发现太太已经把药放在桌上。

每次药没了，小孙都会打电话给太太，说下班之后要去书店。

太太没有一次忘记买药。

小孙也从来不问太太，是因为接到电话，由买书想到买药，才临时出去买的，还是早上已经把药买了回来。

国宝失窃记

博物馆被偷了！几件镇馆的宝贝，都不翼而飞。

这绝不是一个人干的，而且必定都是行家，破坏警铃、开保险锁、车子接应，加上在中途换车，据推算最少五个人才干得了。

政府开始悬赏，博物馆的馆长也接受了电视访问。

他颤抖着说：

“十三件失窃馆藏全是精品，尤其那个翠玉戒指，更是举世无双，爱珠宝的人，千万不能收赃，迟早会被发现的！”他瞪大了眼睛说，“因为那戒指太好了，什么人都能一眼就看得出，是价值连城的宝贝。”

果然，没多久就破了案。

一群窃贼虽然计划周详，没留下任何线索，却因为内部不合，两派开火，而被发现。

受伤的窃贼，躺在床上吐露了实情：

“当时由我和另外一个人进去，我们只偷了十二幅画，没有拿什么翠玉戒指，可是外面的几个人不信，非要我们把戒指交出来，后来连我朋友，都认为是我独吞了。”他大声喊着，“我没有拿！我没有拿！你们要相信我！”

“我相信他！”博物馆馆长在检收十二幅画之后，笑道，“感谢上天，十二幅画完整无缺地回来。至于翠玉戒指，唉！我们馆里何曾有过翠玉戒指啊？是我一时糊涂乱说的！”

奇装异服

在城里，提起“福记西服”，是无人不知、无人不晓的。

二十多年来，“福记”始终是那块老招牌，朱老板也总是那个笑容，挺着啤酒肚，站在店门口，盯着每个过客的西装，上下打量。

看到剪裁高明的，朱老板一定主动赞美：“这位先生，您的西装在哪儿做的？真高明！”

遇到不好的剪裁，朱老板也很厚道，即使对方请他品评，他也只是笑笑：“还不错！还不错！”

不知是否就因为朱老板会做人，所以能生意兴隆，二十年名声不坠。有人眼红，在旁边也开了几家店，都抢不过朱老板。

其实“福记西服”的价钱并不便宜，式样也不算新潮，甚至可以说朱老板为人固然和蔼，做生意却有点古怪。

譬如有人自己拿布料上门，请朱老板剪裁，料子太差的，朱老板一定拒收；顾客要求特别的花样，朱老板也难得接受。算算，这推出去的生意还真不少。

妙的是，每个福记西服的员工，都跟朱老板有同样的坚持，甚至出去开了分店，仍然秉持朱老板的原则。

据说他们都是在看到朱老板的一件“法宝”之后，就成为忠实的信徒。那“法宝”是一件西装上衣。

“这是我早年在上海开业时做的。”朱老板总是指着那件衣服说，“有一天来了位顾客，拿着料子，要我为他剪裁。我一看布料，说‘这料儿太差了，只怕不值得吧？’顾客回说，‘你只管赚工钱就成了，管什么料子？’我心想也对，就接了。”朱老板解开那件衣服的扣子，叹口气：“接着，那顾客又要我把扣子和扣眼，缝成不一样高。我笑说，‘那不是太滑稽了吗？’顾客还是那句话：‘你照做，只管赚工钱就成了！’我再想，只要他给钱，有什么问题呢？就答应了。”朱老板眼睛一瞪，目射寒光：“没多久，对门开了一家西服店，把我的生意全抢了。只要有客人去，那店老板就会拿出一件衣服给他看，让对方摸摸布料，看看扣子，再翻翻领子里钉的商标。那是我的商标啊！”

停了半晌，朱老板举起手上的西装：“我不得

不关门大吉了。临走，我到对面那家店，拜访了他们老板，正是来我这儿做西装的那个客人。我说‘我要走了，再也不回上海混，唯一的请求是，能不能让我买回自己做的那套西装。’他给了，就是我手里的这一套，临走居然对我说：‘年轻人，钱固然重要，原则却更重要啊！’”

几十年来，这套衣服一直挂在福记的柜子里，每个店员打开柜门拿东西，看到衣服，心都一惊，也就愈是敬慎了。

一封怪信

名作家举行专题演讲，不但会场里爆满，场外的电视墙前，也站了一千多人。

无怪轰动，因为这个以写励志书闻名的作家，自己正是从贫苦中奋斗出来的。他的演讲好像没什么大道理，却用许多平凡的小故事，打动听众的心。

他是偶像，但非遥不可及。

他表现得不平凡，却也平凡。正因此，平凡的年轻人，能从他身上找到自信。

演讲在如雷的掌声中结束了。

听众的信，像雪片般飞到，使作家不得不用速读的方法展阅。突然，他的眼睛停住了，把手中的信看了一遍又一遍。

作家的眼眶红了，那是一个高中女生的来信，整齐而娟秀的笔迹写着——

“我那时有一阵子，很反抗父亲，因为他一直要求我，一直对我很严格，后来我才知道，那是因为他患了绝症，他自知日子不多，所以迫切地要我学习独立……知道实情之后我哭着告诉爸爸，我一定会考上 ×× 女中，绝不辜负他的期望。怎知，怎知？拿到成绩单的前几天，他竟然不等我，他答应我的，他答应要看我穿上那袭白衣黑裙，为什么？……”

看到接下来的一段，作家震惊了，因为女孩子在信上写，她不再喜欢回家，放学之后常到酒廊混到深夜，她知道自己不对，她自责地说："我多想有一个人能骂骂我……"

作家立刻回了信：

"你父亲若地下有知，看到你考上理想的学校，一定会觉得安慰。但是当他知道你深夜还在外面鬼混的时候，又会是多么忧心。"作家特意用放大的字，重重地写："你必须努力，必须成功！成功给这世上的人看，也给地下的人看！"

作家把信以限时寄出，救人是不能等的。

果然第三天早上，就接到回电。那是演讲主办单位打来的："您是不是给××同学写了一封信？限时寄的？"

"是啊！"作家兴奋地说。

"那孩子的老爸说要告你，因为他明明活得好好的，你却触他霉头！"

作家呆住了，许久说不出话。接着拨电话给

那位愤怒的父亲，向他道歉。不久之后，作家又应邀到那城市演讲。

在演讲结尾，他提到了那件往事。当他说到女学生可怜的遭遇时，听众里有人感动得啜泣，而当“结果”出现时，全场都愕然了。

作家没有责备那女学生，反而赞美了她的文笔，并希望她能在文学的领域，好好发挥自己的想象力。

回家不久，作家接到一封没有署名，也没有地址的信——

“我只是想告诉您，您认为的那封假信，实际是真的。”信上说，“那女生是我同学，她不愿让您的回信被家人看到，所以借用了另一个同学的名字和地址……”

拿着信，作家心想：

“如果这封信又是假的，那必是一群小女生的联合演出，实在精彩。但……”作家茫然了，“这封信如果是真的，我演讲时的一段话，不是可能伤到那孩子吗？”

作家离家了，在外国接到台北寄去的信件，他忙不迭地拆开，希望再得到一些“那女学生”的消息。

他没看到。却发现了另外三封信，内容是那么接近，写着：

“无论您收到的那封信是真是假，我们都感谢写信的人。因为您所说的，‘你必须努力，必须成功！成功给这世上的人看，也给地下的人看！’正像是对我们说的。我们会永远记住您的话。”

那是三位早年丧父的女孩写的信。

阿丁的小盒子

每天一大早，阿丁和他的难兄难弟们，就会被请上车，然后开入市区，到每个人上班的“据点”，被分别放下来工作。

他们的工作很简单，不用动手，甚至不必说话，只要坐在骑楼一角，盯着来往的人，就自然会有钱，投进他们面前的小盒子里。

他们总在小盒子里，自己先放上几张纸币，因为纸币能引来更多的纸币，铜板则可能引来铜板。

平常晚上八点钟就收工了，周末则延长两个小时。负责照顾他们的王大哥，把他们抱上车，一路上大家又唱又笑，好像出去郊游回来。

盒子里的钱，他们可以分到一定的比例，其余的作为生活费。病重不能上班的人，也由大家的生活费来帮助。他们虽然都是重度残疾，在外面有点自卑，但回到家，面对的每个人都是残疾，反而觉得很自在。大家都一样，就没有残疾的感觉了；同病相怜，那情感也来得更深。

只是好景不长，他们的“家”突然被拆了。一条黑社会欺压残疾人士的新闻，使王大哥也成了被检举的对象。

阿丁被安排进了残疾安养中心，他无法工作，也不必工作，因为慈善人士的救助，足够他生活。只是那些参观的人，使阿丁有些不自在。

阿丁常想到那段上班的日子，在街头看到红

男绿女、五颜六色，接触到一双又一双的眼睛。

他尤其怀念那群难兄难弟，以及总是抱他上车、下车，还帮他洗澡的王大哥。

理直气和

“小姐！你过来！你过来！”顾客一边高声喊，一边指着面前的杯子，满脸寒霜地说，“看看！你们的牛奶是坏的，把我一杯红茶都糟蹋了！”

“真对不起！”服务小姐赔不是地笑道，“我立刻给您换一杯。”

新红茶很快就准备好了，碟边跟前这杯一样，放着新鲜的柠檬和牛乳。小姐轻轻放在顾客面前，又轻声地说：“我是不是能建议您，如果放柠檬，就不要加牛奶，因为有时候柠檬酸会造成牛奶结块。”

顾客的脸，一下子红了，匆匆喝完茶，走出去。

有人笑问服务小姐：“明明是他土，你为什么不直说呢？他那么粗鲁地叫你，你为什么不还以一点颜色？”

“正因为他粗鲁，所以要用婉转的方法对待；正因为道理一说就明白，所以用不着大声！”小姐说，“理不直的人，常用气壮来压人。理直的人，要用气和来交朋友！”

每个人都点头笑了，对这餐馆增加了许多好感。往后的日子，他们每次见到这位服务小姐，都想到她“理直气和”的理论，也用他们的眼睛，证明这小姐的话有多么正确——

他们常看到，那位曾经粗鲁的客人，和颜悦色，轻声细语地与服务小姐寒暄。

别死第二次

每年到顾大姐的祭日，办公室几位老同事，都要上山烧几炷香、焚几堆纸钱，并且摆上酸梅、蜜枣等各种大姐生前爱吃的东西。

过去上山，都是叫出租车，司机在旁边催，让人很不自在。现在则人人开车，使每个人都有时间，摸着顾大姐的坟，走到后墙边，对着瓷烧的照片，说几句话。

提到开车上山，冯小姐突然灵光一闪：

“经济起飞，我们都开了车，大姐也该在下面过过开车瘾吧？！”

于是集体通过建议，大家一起买了辆纸糊的奔驰轿车，烧给顾大姐。

“车牌是 88888。”冯小姐对着坟喊，“祝您在下面发发发发发！”

只是才回办公室，大家就发觉不对：“大姐没驾照，有车也没用！”

还是小郭聪明，立刻把自己的驾照影印，再剪了一张大姐生前的照片贴上：“明天我就上山烧给她！”

小郭果然一个人来到坟头，用打火机把“驾照”点着，抛向空中。大姐好像在天有灵，一阵风把灰烬吹得直上云霄。

小郭正得意，却见山下冲上两个人。

“我们想想，还是不对，再把这封信烧给大姐吧！”小冯、小刘喊道，“信上告诉顾大姐，有了驾照也别开！因为她没学过，太危险！已经死了一次，如果开车出事，再死一次，那就太可怜了！”

给糖哲学

多年前从成立就骏业宏发、蒸蒸日上的公司，今年的盈余竟大幅滑落。

这绝不能怪员工，因为大家为公司拼命的情况，丝毫不比往年差，甚至可以说，由于人人都意识到经济的不景气，干得甚至比以前更卖力。

这也就愈发加重了董事长心头的负担，因为马上要过年了，照往例，年终奖金最少加发两个月，多的时候，甚至再加倍。

今年可就惨了，算来算去，顶多只能给一个

月的奖金。

“要是让多年来已经被惯坏了的员工知道，士气真不知会怎么滑落！”董事长忧心地对总经理说，“许多员工都以为最少加发两个月的奖金，恐怕飞机票、新家具都订好了，只等拿到奖金就出去度假或付账单呢！”

总经理也愁眉苦脸了：

“好像给孩子糖吃，每次都抓一大把，现在突然改成两颗，小孩一定会吵。”

“对了！”董事长突然触动灵机，“你倒使我想起小时候到店里买糖，总喜欢找同一个店员，因为别的店员都先抓一大把拿去称，再一颗颗往回扣。那个比较可爱的店员，则每次都不抓足重量，然后一颗颗往上加。说实在话，最后拿到的糖没什么差异，但我就是喜欢后者。”

没过两天，公司突然传来小道消息——

“由于营业状况不佳，年底要裁员，尾牙的鸡头，只怕一桌一个都不够。”

公司上下顿时人心惶惶了。每个人都在猜，被裁掉的会不会是自己。最基层的员工想：“一定由下面杀起。”上面的主管则想：“我的薪水最高，只怕从我开刀！”

但是总经理跟着就宣布：

“公司虽然艰苦，但大家同在一条船，再怎么危险，我们也不愿牺牲共患难的同事，只是年终奖金，绝不可能发了。”

听说不裁员，人人都放下心上的一块大石头，那不致卷铺盖的窃喜，早压过了没有年终奖金的失落。

眼看除夕将至，人人都做了过个穷年的打算，彼此约好拜年不送礼，以共度时艰。

突然，董事长召集各单位主管召开紧急会议。

看主管们匆匆上楼，员工们面面相觑，心里都有点七上八下：“难道又变了卦？”

是变了卦！

没过几分钟，主管纷纷冲进自己的部门，兴奋地高喊着：

“有了！有了！还是有年终奖金，整整一个月，马上发下来，让大家过个好年！”

整个公司大楼，爆发出一片欢呼，连坐在顶楼的董事长，都感觉到了地板的震动……

小心你自己

一

小和尚裱画。

先调了糨糊，涂在画的背面，再裱上一层白棉纸；又找到最讲究的织锦缎，镶在画的四周，贴在墙上风干。

小和尚知道贴在墙上的时间愈长，将来画愈平。所以他足足等了一个月，才把画拿下来，放进檀木框子。

画挂上，小和尚左看看、右看看，得意极了。

问题是，才一年，画上居然出现了几个黄色的斑点。

“这是师父最爱的画啊！”小和尚急死了。可是怎么也想不出，自己有什么不对的地方。

“我用了最好的糨糊、棉纸和织锦，那个檀木框就更不用说了……”小和尚忙向师父解释。

“先把画从框子里拿出来吧！”师父说。

小和尚取下框后的护板，把画拿出来，交给师父。

“黄点是从画前面进去的，还是从画后面进去的？”师父指着问。

“是后面！”小和尚叫了起来，“可是后面裱的棉纸是最好的！”

“没错！”师父笑笑，“错在三夹板！新的三夹板，掉颜色！你让它直接靠在画的背后，画当然要遭殃了！”

二

小和尚从树林里采来许多香菇，摊在地上曝晒。

“晒干之后，装进袋子。”师父说。

“知道了！”小和尚应着，觉得师父真操心。

没想到正装袋，师父又来了：

“不要全装进一个大袋。多分几个小袋子，封紧了！别透气！”

“知道了！”小和尚心想，“师父真是害人折腾！”

野生的香菇特别香，炒青菜时丢进去几朵，

就有了说不出的好滋味，到院里用斋的施主莫不称赞。

第一包香菇用完了，小和尚打开第二包，突然大叫一声，冲去向师父报告："不好了！不好了！香菇里长满了小虫，不能吃了！"

"别急！这包不能吃，别的说不定能吃！"师父说，"把剩下的几包也打开看看！"

小和尚紧张地打开那几包，嘴角笑到了耳根。

"这就是我要你分包密封的道理。"师父敲敲小和尚的头，"你以为画板是保护画的，岂知板子也伤了画。你总以为袋子是防外面虫子咬香菇，岂知香菇里原本就可能有虫。于是那保护它不受外界侵犯的，反过来，保护了外界，不受它的侵犯。"师父叮嘱地说：

"我们总怕别人会害自己，其实害自己的不

一定是别人，而是自己！我们应该常常清理自己的心虫，别让它偷偷啃食我们的心，或飞出去害别人。”

为自己活一次

众人同心其利断金

为自己活一次

坏邻居

在美国东部有一所非常著名的学府，它的名字几乎为全世界的知识分子所知晓。它的入学需要平均九十分以上的成绩，它一门课的学费，相当于普通家庭整月的开销，它的学生常穿着印有校名的T恤在街上招摇……

但是这个学校有着严重的困扰，因为它紧邻一个治安极差的贫民区。学校的玻璃经常被顽童打破，学生的车子总是失窃，学生在晚上被抢已不是新闻，女学生甚至有遭到强暴的情况。

“我们这么伟大的学校，怎么能有那么糟糕的邻居！”董事会愤怒地一致通过：把那些不入流的邻居赶走！方法很简单——以学校雄厚的财力把贫民区的土地和房屋全部买下，改为校园。

于是校园变大了。但是问题不但没有解决，反而变得更严重，因为那些贫民虽然搬走，却只是家向外移，隔着青青的草地，学校又与新贫民区相接。加上广大的校园难以管理，治安变得更糟了。

董事会失去了主意，请来当地的警官共谋对策。

“当我们与邻居相处不来时，最好的方法不是把邻人赶走，更不是将自己封闭，反而应该试着去了解、沟通，进而影响、教育他们。”警官说。

校董们相顾半晌，哑然失笑，他们发现身为世界最著名学府的董事，自己竟然忘记了教育的功能。

他们设立了平民补习班，送研究生去贫民区调查采访，捐赠教育器材给邻近的中小学，并辅导就业，更开辟部分校园为运动场，供青少年们使用。

没过几年，这所学校的环境治安，已经大大地改善，而那邻近的贫民区，更眼看着步入了小康。

新人新政

自从张组长调升副经理，小李接掌他的职务以后，不过一个礼拜，就把办公室弄得令人耳目一新。同事们的座位全部重新排过，腾出了许多原来浪费的空间；主任的桌椅也从雄踞一角，变为进入群众，给人一种更亲切的感觉；公文的处理程序更做了调整和简化。只是小李的新人新政却推行得并不顺利，尤其是副经理，表面上虽然赞赏，背地里却扯后腿，搞得小李焦头烂额，徒有一番理想，却施展不开。

事情多么奇妙，自从月初小李请副经理到办公室来指导，重新排过座位之后，虽然只经副经理指点，稍稍改了两个桌椅的位置，办公室却顺眼多了。果真如小李所说，张副经理懂得风水？

还有那公文的处理程序。据小李在开会时说，似乎也请示了副经理，小李口口声声说那是副经理集过去任组长两年经验所做的改动，其实天知道：根本就是小李的新方法，怎么会与副经理扯上关系呢？

只是令人不解，现在小李办事真是顺极了。他的新计划，有九成获得总经理的通过。据说都是由副经理敲的边鼓呢！

几乎在任何团体，我们都会发现同一职位的前后任，经常处得不好，甚至原先是朋友，由于一人接另一人之事，也渐成仇敌，原因很简单：后任者为了表现自己的魄力，往往大力兴革，结果新政固然可能较前为佳，上一任却总是不帮忙，甚至扯后腿，因为他的后一任把事情办成，就显示了自己当年的无能。

小李初期遭遇阻力的原因就是如此，幸亏他后来能想通做人的基本原则，也就是：

在展示这一代的能力和抱负时，不去否定上一代的成就。

你像我自己

“对不起！我们已经尽力，请你节哀！”医生说完，就走了出去。

她愣住了，不敢相信这是真的，接着颓然跌坐在地上。

她没有哭，因为泪早已流干。

她没有站起来，因为日夜守在床边，帮着抽痰、导尿、擦脓，她已经灯油将尽。

她呆坐着，直到邻床一声尖叫，才惊醒过来。只见邻床病人的妻子，因为病人的一口痰塞住气管，急得乱了方寸。

她仿佛看见三个月前的自己，丈夫初进医院时的慌乱。偌大的医院，却要什么，找不到什么。医生护士不足，连急救的人都没有。到后来，她不得不自己学着动手。

邻床传来病人痛苦而急促的呼吸声，长久的体验，使她知道已经有了危机。

她突然站起身，冲过去，把那人的妻子推开，一言不发，以熟练的动作，为病人清除了浓痰。

呼吸平顺了，病人的妻子向她下跪，谢谢她的帮助。

从那妇人的脸上，她看到自己。可不是吗？她们都是病人可怜的妻子。她们的丈夫，得的是同一种绝症。

才办完丧事，她就赶往医院，义务指导那同病相怜的妇人，各种急救的技术。

丈夫原来的床位，又住进了一位同样的病人。

她愈来愈觉得自己并不是唯一一个苦命的人，在帮别人急救的时候，她竟觉得每个人的丈夫，都像是自己的丈夫。

就这样年复一年，一个又一个“未亡人”，居然在她的带领下，帮助了更多的苦难者。

对这种病，她们比护士更内行，比医生更热心。

尤其可以肯定的是：

她们比别人更能了解彼此的心，且在这帮助他人的过程中，使自己的丧偶之痛，得到了升华……

不翼而飞的周记

把周记交出去，小菁真是又紧张、又兴奋。

因为这篇周记不同，它是小菁听完一位名作家演讲之后的感言。平常周记写一两百字就解决了，这篇感言却足足写了三千多字。

感言是夹在周记里交上去的，因为周记本子写不下，小菁干脆把感言誊在稿纸上。这是她平生最满意的一篇，小菁自信地认为能得到导师的赞赏，何况那位作家，也是导师心仪的。

演讲会上，小菁看到导师也在场，不但不断

做笔记，而且会后导师也排队上去请作家签名。

“如果老师发现我跟她的见解相近，该多高兴啊！”小菁想。自从交出周记的那一天，小菁就特别注意老师的反应：“她一定会在上课时，给我一个会心的笑！”

只是将近一个礼拜了，导师好像完全没反应。

“她一定会在周记里，给我很好的评语。”小菁又想。

问题是，周记发下来了，什么评语都没有，那篇文章却不翼而飞。

“难道老师弄掉了？搞不好学术股长把周记拿去导师办公室的时候，不小心被风吹飞了？”小菁考虑了各种状况，最后终于忍不住跑去问导师。

“你的文章写得不错，过两天还你！”导师笑着说。

小菁放下心上的一块石头。可是愈想愈不对劲，三千字的文章，需要看那么久吗？算算日子，到今天已经快两个礼拜，搞不好被弄丢了！也有可能老师忌妒我写得好，故意压下来。她不是也崇拜那位作家吗？她一定是吃醋。

小菁愈想愈气，看到导师也就愈不顺眼。“瞧！导师的眼神跟我一碰上，就奇怪地闪过一抹笑，不怀好心的、鬼鬼祟祟的笑！”小菁决定，这次周记发下来，如果导师再不把文章退回，她就要去找导师理论。

周记发下来了，打开周记本，仍然没有自己的那篇文章，小菁立刻冲去了导师办公室。

“我正要找你呢！”导师笑着把文章交到小菁手上……“非常抱歉，让你等了两个礼拜！”

打开文章，翻到最后一页。看到上面的评语，小菁浑身一震，两行泪水滚过面颊。

“你的文章写得太好了。我觉得只有一个人可以给你评语。”导师说，“所以我把它交给了那位演讲的作家。”

瞄准猎物

跳上车，用两秒钟扫视了一圈。“绝对没错！”小李肯定地告诉自己，立即采取行动，迅速接近“猎物”。

长期在台北、台南之间跑，小李已经训练有素。不！应该说已经培养出了第六感，可以一眼就看出谁会很快下车，然后挤到那人座位旁边，准备取而代之，舒舒服服坐到底。

今天的“猎物”是个老太婆，手上抱个孩子，小鬼睡得直打呼，鼻涕流得老长。

“这种带了小孩的老太婆，即使只坐两三站，儿女也会帮她早早买好有座位的票。道理很简单！那老太婆一定是帮儿女带孩子，儿女买票不是孝顺老太婆，而是心疼自己的孩子，让孩子不用跟着老太婆罚站……”

想到这儿，小李笑了，多么合情的推理啊！这年头没有人敬老。所以小李在车上是从来不会让座给老人家的：“他们坐了一辈子，站站也好！而且如果想坐，就应该早买票。老人有的是时间，又不像我这么忙。”

不过今天小李遇上了对手，有个穿西装、打领带的人，想必从高雄就上了车，硬是霸在那老太婆的椅子旁边，小李试着挤了好几次，都挤不走他。

“想必你也是个惯家（行家）。”小李心想，“不过到时候，我用手抓住椅背，做出让老太婆出来的样子，然后，一扭身，哈哈……”

小李又笑了。

只是笑得不长，那老太婆虽然一路张望，一副神经兮兮，怕错过站的样子，却连章化都过了，还不下车。

她一定是去台中，该下了！

老太婆没下。

她一定是去苗栗，一定会下！

老太婆还是没下。

小李有点躁了，今天是遇人不淑，被那老太婆耍了，不过总不至于倒霉到家吧！

果然，扩音器里播出新竹站，老太婆像是放电般弄醒小鬼，提起包包，站了起来。

小李右手一搭，正好挡住那穿西装的“对手”，还用左手做个扶老太婆的动作，再一滑、一扭，坐了下去。

“姿势多美呀！这叫羚羊挂角，不落痕迹。”小李终于又笑了。

“对不起！先生！”突然有人拍了拍小李肩膀，小李斜斜眼角，是那个“对手”，敢情是不服气？

对手说话了:“真抱歉！这是我的座位。”

一张车票，亮在小李面前。

八双手

小陈和小赵两家约好，各开一辆车，到人迹罕至的深山露营。

他们在溪谷的沙滩上搭起帐篷，点起营火，有说有唱，闹到深夜。

没想到，才就寝，便下起倾盆大雨，溪水暴涨，瞬时冲进了营帐，两家八口差点逃不出来。

惊魂甫定，小陈开始怨小赵：

“全都是你出的馊主意，谁都知道溪边不保险，你偏说好，好得差点送命。”

"碰上涨水，你就怨我了，你昨晚不是还在赞美地方好，说我真会选吗？"

两个人你一句、我一句，太太跟孩子也不示弱，纷纷加入战局。好好的两家人，居然闹翻了。

"你们自己玩吧！"天刚亮，小赵就带着老婆孩子开车下山，"以后别想找我带路！"

"笑话！我自己不会上山哪？以后我也绝不会找你了！这叫上一次当，学一次乖！"小陈吼了回去。

小赵的车开出去没多远，就停住了。

昨夜雨势太猛，山上滚下一块大石头，正挡在路中间，小赵一家人使尽力气，就是差那么一点，动不了。

小赵走回车子，坐在上面发呆。接着小陈的车子也下来了，对着小赵猛按喇叭。

小赵指指前面。

小陈跳下车，跑过去看，又把家人叫下来。只是跟小赵一样，每次石头才要开始移动，却因为推力不够，又回到了原来的位置。

小陈硬不服输，一次又一次地带着家人拼命。

突然，石头滚动了，四双手加入他们原来的四双手之间，一口气把巨石推到路旁。

“幸亏来了两家人！”小陈说。

“可不是吗？”小赵掸掸手，“要不然，就困在山上了！”

两家人不但再次有说有笑，而且约定了下次露营的时间。

老板的火山

朱老板是有名的火爆脾气，职员犯一点小错，账簿上差几毛钱，他都能花上两个小时训话。所以员工在背后都不称他朱老板，只要一龇牙说“神经”，大家就心领神会了。

但是今天没人敢说“神经”了，反倒每个人自己的神经都紧绷了起来。更没有人敢龇牙，只是暗暗在心里，对着自己龇牙。

因为——出了大错。

虽然只是小李粗心造成，但每个人都想“天

花板不翻才怪”，也就个个噤若寒蝉。

果然，小李被朱老板叫进去，大家的呼吸全停止了。

眼看火山就要爆发，现在是风雨前的平静。

鸦雀无声的平静。

过了十几分钟，小李居然好端端地出来了，回到座位上翻抽屉。

“小李卷铺盖了！”大家心想。

小李没卷铺盖，是找旧资料核对，苍白着脸，埋头猛算。

偶尔朱老板也会出来看看，居然不但没冒火，脚步还比平常缓和，甚至拍拍小李的肩膀呢！

错误改正，在朱老板亲自打电话道歉之后，失去的客户居然挽回了。

年终尾牙，朱老板把鸡头夹进自己盘里，起身致辞：

“你们一定觉得奇怪，平常一点小事，我就冒火，而小李出了那么大的错，我却出奇地平静。道理很简单，小事冒火，是为了教你们随时警惕，免得出大错。至于真出了大纰漏，你们自己已经自责得要死了，又何必我再多说？”朱老板举杯：“出大错，我们全受了伤。哪里有受伤的人打受伤的人呢？最重要的，是镇定下来，彼此帮助，克服困难。”

丐帮帮主

印刷厂的陈老板，自从三年前得了个“丐帮帮主”的绰号，大家就跟着叫。日子久了，许多人只知道他是丐帮帮主，连他姓什么都忘了。

陈老板一头花白的乱发，加上稀疏的小胡子、不修边幅的穿着和充满喜感又自信的笑，确实有丐帮帮主的架势。

或许正因为他这架势，陈老板才能跟丐帮的人结缘。说得更正确一点，这架势是他能组织乞丐成为丐帮，又能荣居老大的原因。

当然，陈老板跟乞丐们打交道，也不是一天两天了。事情是这样的：

印刷厂常为人通宵赶印东西，深夜三四点钟，陈老板下班搭地铁回家，车站里已没几个乘客。如果说有，就是横七竖八，躺在地上的流浪汉。

陈老板心好，常顺便带点员工加班吃不完的东西，分给这些难友：

“我们都一样，在外面讨生活，你们夜里睡在车站，我却深夜还回不了家。”

日子久了，大家愈混愈熟，也就无所不谈。陈老板这才发现这群乞丐中，居然藏龙卧虎。

一个浑身发出酸菜味的老头，是第二次世界大战的战地记者，与海明威是老朋友，还藏有跟海明威的合照。

一个不断把头虱放进嘴里，咬得喀喀响的老女人，居然曾经是爱乐交响乐团的小提琴手，因为酗酒，被赶了出来。而今酒早戒了，却再没有出山的打算。

“这里很好嘛！一大堆真朋友！吃得饱也睡得好，不必为拉错半个音而失眠。”

确实就有那么多嬉皮式的人，不是学问不好，更非没有谋生能力，只是有浪漫不羁的个性，甚至说为了找一种“真实”，而混在这群浪人之中。

“人们当我们是狗，岂知道狗最能看到真相。”一个小说家嘿嘿地笑，“我们可以看见眼前发生抢劫，没有抢匪会理我们。也可以看到贵妇如何在街角偷情、高官怎么像小偷一样出轨。在我们面前，这些人毫不掩饰，他们只当我们是狗，一天到晚醉得从来没醒过的‘醉狗’！”

有一天，陈老板突然灵光一闪：

“你们知道这么多小道消息，何不把它们写出来呢？我来印，再由大家拿去卖，目的不在钱，而在讽刺讽刺这个社会，给那些表里不一的人一点颜色瞧瞧！”

没多久，每周发行一次的小报就出刊了，报名就叫《小道消息》。

第一版，只印五百份，不到半天就卖光了。

第五版已印到了四千份，也没有几天就卖完。

陈老板一毛钱不赚，以成本价三毛五分美金批发给流浪汉，再由流浪汉拿到地铁，以一份一块钱的价格脱手。

“小道消息！小道消息！要知道本城真相，请看由流浪汉、乞丐写的小道消息！”

“小道消息！没有一个记者能像我们一样清楚地观察这个大都会！”

“藏龙卧虎、精彩绝伦！海明威老同事写的辛辣报道！”

从来不在地铁上看报的人，也好奇地买一份。

过去痛恨地铁乞丐不自力更生的人，基于同情买一份。

社会学的教授，规定学生每周交读《小道消息》的报告。

连政府官员的桌上，都有了《小道消息》。许多过去市政上见不到的弊端，都因此浮出台面。

《小道消息》发行到今天整整三年，发行量不断增加，更多流浪汉投入工作行列。

老陈获得“丐帮帮主”荣衔，印刷厂业务大增，甚至有人劝他去选市议员。

四位流浪汉作家，重拾旧业，再度打进文坛主流。

几百个流浪汉，自己租房子，有了温暖的家。

与天争地

不知从什么年代开始，王村和李村就以那块大石头为界。

王村的人要是经过李村回家，走到大石头前面，总要摸摸石头说:“到咱们村了！”

两村的人若有酬酢，宾主迎送也总以那块大石头为准。在大石头前面迎宾，送客也送到大石头为止。

甚至两村的孩子玩耍，都以大石头为界。

“你为什么到我们村子来？你过了大石头！”

“你的球丢到我们这边，就是我们的！”

孩子们常因此发生口角，甚至大打出手。

据说连骡子都知道，即使在两村之间行走，也得把屎拉在自己村子的地界里——免得肥了别人的田。

这一年夏天，突然起了阵怪风，跟着就是乌云密布，下起倾盆大雨，而且这雨连下了七天。村子不远处是条河，河对面是座山，山洪滚滚而下，小河承受不住，涨了大水，两个村子全被淹了。

洪水退了之后，大家正急着重整家园，却发现出了大事——大石头被水冲移了位置。

村民们都急了，一起拥向原来的村界。

大石头果然换了地方，只是洪水过后，原来的河道变了样子，地面又满是碎石泥泞，谁也说不上大石头是向左移了，还是向右转了。

“我记得，这石头原来正对着那山头，现在偏右了，便宜了王村的人！”

“我确定这石头原先顶着这个路弯，路虽然被水冲模糊了，我还是看得出，它向左偏了，让李村的人占了便宜！”

两村的人站在大石头前面挽着袖子吵，差点就要大打出手，最后决定请县长裁夺。

县长来了，先在四周绕了一圈，又过去拍拍大石头，摸摸胡子一笑：

“到处都是山上冲下来的石头，你们放着不管，难道是要等再涨大水，把你们的田园全冲走，再坐到这块石头上吵架吗？”说着召来两位村长，细细商谈一番。

没过几天，两村的人全出动了，大家一起把满地的石砾运到河边，筑成堤防。

堤防中间安放着一块奠基石，正是原来那块

大石头。上面除了记载完工的日子，还刻了两行金字：

与人争地，愈争愈小。

与天争地，愈争愈多。

慈善之旅

“这个社会真是太乱了，我们虽然是商人，也应该把利润回馈社会、端正风气！”董事长在高级主管会议上，强忍着每年冬天必犯的气喘，以激动的语调宣布，“所以我建议，全公司不分上下，每人捐出一日所得，给山区儿童。”说着举起一份剪报，“这是我昨天看到的，山区儿童真是太可怜了，他们没得到这几年经济发展的好处，反而因为物价上涨，受了害。除了捐钱，公司也应该捐几部电脑给他们，让那些孩子能受到好的教育！”

钱一下子就凑齐了，足足有二十万现金，外加三台电脑。公司的布告栏，每天都贴出接洽各慈善机构的消息，最后由高级主管开会，从五所山区小学中选出一所。

“我要亲自出马，看看那些可怜的孩子！”董事长对公关主任说。

“可是这个小学在深山，恐怕要开几小时的车呢！下来还得爬山。”

“不摸摸那些孩子的头，我心有遗憾，所以辛苦也得去！”董事长坚定地说。

董事长既然出马，各主管当然也抢着参加，连几位女职员都要求前往：

“听说那个学校在群山环抱之间，四周的景观完全没被破坏，空气清新得很呢！”

消息传开，要参加的人就更多了。一方面做

善事，另一方面做个深山的郊游，亲近一下大自然，不是好极了吗！更何况公司拨了二十多万专款，补助全部旅费。

日期终于决定在长假。山区小学早已联络好，师生特意赶到学校欢迎贵宾。

大队人马，分乘四辆小轿车和两辆大巴前往，谁知开到半路就遇上麻烦——

小轿车的底盘太低，不能上山，高级主管和请来的记者们，只好改搭后面的大巴。所幸原来大巴车里放了不少餐盒和饮料，把餐盒分发给大家，喝完的空罐和纸箱扔出车外之后，腾出的空间，正好挤下所有的人。

到达深山的小学，已经是下午三点钟。董事长带头参观了简陋的教室，把电脑抬进去，又听了校长的简报。再到操场欣赏孩子们精彩的演出，几个职员还下去跳了山地舞。

小学校长邀集了孩子的家长们，做了山产美味，并在操场中间点起营火。

“真羡慕你们生活在这么美的地方！”董事长激动地说，“等我老了，也要找这么一个环境隐居隐居。”致辞完毕，还气喘吁吁地唱了一首《爱拼才会赢》，四周镁光灯此起彼伏。

虽然小学里为客人准备了教室休息，大家却一夜都没睡，有的聊天、有的打麻将，还有人用车上的设备，唱卡拉OK。

第二天早上，乡长也赶到了，提了许多土产给远道的客人，大家依依不舍地与学童们拥抱、告别。

“孩子们未来需要什么电脑软件，只要打一通电话来，我们一定以成本供应！”董事长满面慈祥地挥手。

荷塘情事

每次经过那个池塘，小周的眼睛都一亮。

成百上千的荷花在风里摇曳，浅粉色的花瓣，在大片的绿叶衬托下，显得格外耀眼。

小周是个业余画家，他决定利用周末把对荷花的感动画出来。

荷塘很大，一边临着马路，三边接着稻田。小周先绕着荷塘走了一圈，想找个僻静的角落写生。只是前两天才下了场大雨，田埂上全是泥泞，唯有临马路的一侧比较干。

所幸这只是乡下的一处池塘，除了路边一个卖甘蔗汁的摊贩，没有什么“游客”会来打扰。

小周支起画架，正巧旁边有个不知谁丢弃的木箱子，可以当椅子坐。他用的是渲染法，先画荷花，再把纸打湿，用笔蘸绿色的颜料，刷出大片的荷叶。

潮湿的纸，使绿色一下子泛开，显得画面非常柔美。小周特意退后几步，远远地自我陶醉。

“真好看！真好看！荷花呢！”有人叫好。回头看，原来是卖甘蔗汁的妇人。

正说着，居然就有几个路人，也停下来欣赏。

“一定是有名的画家！”

“恐怕要卖不少钱呢！”

“不知道还画不画？”

大家交头接耳地说。

“再画嘛！再画一张嘛！”卖甘蔗汁的妇人

喊，大家也附和。

小周兴奋极了，又画了一幅更工细的荷花，四周旁观的人愈多，小周愈来劲。他发现，其实观众的存在非但不是打扰，而且还是一种鼓励。

天色渐渐暗了，人群也逐渐散去。可是小周的作品还没完成，他开始有点懊悔，不该用这么工细的画法。除非半路放弃，否则真不知要画到几点钟。

所幸卖甘蔗的妇人没有离去，小周可以感觉到那妇人一直在盯着他。

“天都快黑了，你为什么还不回家啊？”小周不安地问那妇人。

“还早！还早！你慢慢画，我陪你！”妇人说。

画终于在最后一抹斜阳下完成了。

小周站起来，伸了个懒腰。

“画好了吗？”妇人走过来，看着画面，“哇！好棒啊！”又问了一句：“画好了吗？”

“画好了！”小周说。

“我可以拿回我的箱子了吗？”

妇人把榨甘蔗汁的工具，放进小周原来坐的木箱子里，再搬上自己的小板车。

“谢谢你！谢谢你！”小周不好意思地说，“没想到占用了你的东西，害你等。”

“不要这么说！”妇人推着板车离去，在灰暗的暮色中，回头喊着：

“我也谢谢你，今天让我多卖了十几杯甘蔗汁。”

谢谢你接受我的帮助

小珍要出国念书了。

每个听到这消息的人，都想："她拿什么出国呢？她父亲刚过世，据说用掉了全家的积蓄。"

"听说你比较紧张，要不要我帮忙？"

"我存了不少钱，借给你，以后再还给我嘛！"

"如果你觉得不好意思，利息照算，以后一起还总可以了吧？！"

几位好朋友，都想支持她，可是全被小珍挡了回来："你们怎么知道我缺钱？我根本不缺，我有我的办法。”

这就是小珍的脾气，即使饿死，也不向人伸手。

几个朋友都没了办法。倒是小杨，非但不帮小珍，反而请小珍帮忙。

“小珍！听说美国最近出了不少心理学的新书，能不能帮我留意一下？我不怕贵，只要好，就买！多多益善，而且请用航空寄给我。”小杨塞了两千美金在小珍手里，“但是拜托先把书名告诉我，由我决定买不买。”

小珍欣然同意，而且受人之托，忠人之事，出国不久就寄了许多新书的资料给小杨。

可惜的是，那些书，小杨全不满意。倒是小珍信中提到的生活状况，成为小杨向几个朋友报告的重点。

两年之后，小珍学成归国。一下飞机，就对

小杨抱怨：

“寄给你那么多书名，怎么一本也不要？”小珍掏出两千美金，还给小杨，笑道：“不过说句老实话，在我刚去美国，没打工之前，你这两千块，真还帮助不少呢！”

四个朋友都笑了，并分别在小珍不注意的时候，从小杨手上，取回属于自己的五百块钱。

擦鞋风波

车站广场上，有许多背着小木箱子跑来跑去的少年。

只要有穿着皮鞋，看起来比较体面的人经过，少年们便争先恐后地跑过去:“先生！要不要擦皮鞋？”

擦皮鞋，在这个贫穷国家的贫穷小城，是奢侈的行为。正因为奢侈，所以能为客人擦双皮鞋，也就有了奢侈的收入。据说一个星期，只要能擦到两双鞋，家里的菜钱就不成问题了。

怪不得有这么多人在等，也怪不得他们拼命抓客人。

这一天已接近傍晚了，少年们却没做到几桩生意，突然有车停下，走出个观光客。

“您要不要擦鞋？”两个眼尖腿快的少年，一左一右，同时抓住那个人。

“好啊！”

两个少年的眼睛瞬时亮了，但跟着瞪了！红了！

“我先抓到的！”

“我才是先抓到的！”

两个人先是将观光客各朝自己的方向拉，接着向前冲、怒目相对。四周的少年都拥了过来，各为自己的朋友助威、叫阵。

观光客是儒雅的绅士，居然非但没被这火爆的场面吓到，反而把两个少年拉开。

“擦鞋不是一件需要耐心的工作吗？你们要是没耐心，我怎么敢擦呢？我先请问，你们谁擦得比较好？”

“我！”

“我！”

“好！”观光客笑笑，“所幸我有两只鞋，你们就各擦一只，比比看，谁擦得亮吧！”

暴戾之气突然消散了，观光客坐下，两个少年匆忙地打开木箱。

晚霞中，只见车站广场上坐了一圈少年，盯着中间的三个人。

观光客一边让两个少年擦鞋，一边环顾四周：“其实我小时候是在这儿长大的。到外地奔波奋斗了几十年，才发现真正的成功，总是在良性的竞争中得到。”

百年老屋的怪传统

汤姆终于拆掉了他的百年老屋，并在原地盖了一栋新式的房子。

从大门进去，是挑高五米的客厅；后面的餐厅，有一长排落地窗，对着院子里的游泳池；楼上的主卧室加了三个天窗，可以躺在床上看蓝天白云；浴室则是配有喷射按摩浴缸，外加一个蒸汽浴的小房间。

来访的朋友，莫不竖起大拇指，赞美汤姆的品位和财力。“要是知道能住得这么舒服，你早该把原来那老房子拆了。”

“没办法啊！当初买房子的时候，答应了卖主的条件，房子未满一百岁，绝不拆。”

“天哪！居然有人这样卖房子。”朋友们不解。

“这是传统！将来我把房子传给子孙或出售，也会遵照传统。而且卖房子的时候附带一张画，房子在一天，画就得在墙上挂一天。”汤姆把朋友带到客厅壁炉前面，指着上方的画说。

那是汤姆在房子落成后，特意请一位年轻画家画的，画面正是这栋新盖好的房子。

“这画家很有潜力，将来他的画价绝对了不得！”汤姆指着画家的签名说。

“你将来卖房子，画不带走，岂非便宜了买房子的人？”朋友们议论纷纷，“哪有卖房子附送画的道理？”

“当然有！我当年买下原来那栋老房子的时

候，就随着房子，得到一张画，据说也是一百年前，盖房子的人，请画家来写生画的。”

“画呢？”

“照传统，房子满了一百年，拆除重建的时候，可以卖画，所以我把画卖了。”汤姆笑道，“没想到百年前名不见经传的年轻画家，现在已经是美术界里的大师。卖来的钱，正好盖这栋新房。”

送你一程，送我一程

扔下电话，老黄就往门外冲，跳进公司的那辆老爷车。

“你开不上山的！”同事跟在后面喊，“那车子太老了，你家前面的大陡坡，绝对开不上去！”

“现在又找不到别的车，只好冲冲看了！”老黄吼着，“我太太要生了！”

老爷车在平地还算威猛，果然一爬坡就开始咳嗽。所幸前面几个坡都不长，利用一段平坦的路面加速，再向上冲，居然都侥幸地过了。

只是眼看长坡逐渐接近，老黄心里开始七上八下。偏偏这时候，居然有个提着小木箱的人拦车：

“能不能带我一程？箱子太重了！”

老黄手一挥，就向前冲了过去，心想：“我自己还不一定过得去呢？加上你，还了得?!”

果然，车子就在要冲上山头的那一刻停住了，无论老黄怎么踩油门，就是上不去。非但上不去，而且开始往下溜。

“溜也好，溜到山坡底下，再加足马力冲冲看。”老黄索性让车倒退下去，半路居然遇见刚才拦车的那个人，回头直对老黄笑，好像在讽刺老黄：“怎么样？上不去了吧！没想到开车还不如走路快吧！”

“你等着瞧！”老黄狠狠骂了一句，再猛踩油门冲上去。冲过那个人，眼看将要冲上山头，只是车速愈来愈慢，老爷车又开始咳嗽。

老黄知道，这次又差一点，上不去了。奇怪的是，那老爷车如有神助，居然边咳边走，一路开上了山头。

老黄正兴奋，才发现车后站着那个人，满面通红，气喘如牛。

“刚才是你帮我的？”

那人点点头：“……你能不能带我一程，我赶着去帮人接生！”

下面的路平坦多了，一下子就开到家门……

爱是永恒的挂念

为自己活一次

阿花在哪里

“阿花不见了？”

回家老半天，小李才发现狗不见了。前前后后找了两遍，他猜想一定是打扫的王妈不小心，让狗溜了出去。

“阿花！阿花！”小李打开门叫了几声，没反应。又穿上外套走到巷口张望了一下，空荡荡的没个狗影，只好回来了。

“所幸狗牌上刻了电话号码，别人发现，自然会打来。而且阿花不是纯种，不太可能有人

要。当然……”小李想到冬天正是卖香肉的季节，开始有点不安。不过俗话说“一黑、二黄、三花、四白”，阿花既不黑，也不黄，应该不会有人要。小李就又安心了。

过了三天，小李果然接到电话，是个男人打来的，说当他发现阿花时，阿花又冻又饿，所以先带回家喂饱，又洗了个澡。

“你的狗教得真好，洗澡的时候好乖，叫它站就站，叫它坐就坐！”对方兴奋地讲。

“真的吗？真的吗？”小李客气地说，“我这两天实在太忙，能不能等这个周末，再去把它接回来？”

“当然！当然！”对方停了一下，笑道:“这样吧！我们留它多玩几天，下礼拜帮你送回去。”说完，便记下了小李的地址。

过了一个礼拜、两个礼拜，却不见那人把狗

送回。转眼三个月都过去了，说巧不巧，小李开车在路上，看见一对夫妻带着个孩子，孩子手上牵条狗，那不正是自己的阿花吗？

“阿花！阿花！”小李摇下车窗大叫，阿花果然摇尾巴，小李一个箭步跳下车。

没等小李说话，那男士倒先开口了：

“想必您是李先生，真对不起！我以为您不要这条狗了，所以没送去。”他尴尬地一笑：“我当时想，要是我，一定立刻冲出门，把狗接回家，而电话里，听您的口气那么冷淡……”

“算了！算了！不要说了！”

小李从孩子手里一把抢过狗链，连推带拉地把阿花弄上车，嘭的一声将车门关紧，跳上驾驶座急驰而去。

车子开得老远，还听见那孩子的哭声。阿花也妙，居然跳到后座，往那家人不断地张望，不断发出呜呜的哭声。

小李这时候才注意到狗链子是新的，原来破烂的颈圈也换成了最讲究的。连阿花的狗臭味都没了，原先一身灰灰的毛，变得闪闪发亮。

小李心中升起一种说不出的感觉，他突然掉转车头，冲回那家人的身边。

小李把阿花牵下车，将狗链交回到那满脸泪痕的孩子手上，说：

“你们比我更爱它、更关心它，它也更爱你们，它应该是属于你们的！”

永远的小女儿

母亲节快到了，小敏“照例”要送妈妈一张贺卡。

小敏特意到店里，挑了一张进口的卡片。表面是锦缎的花朵，四周烫着金边，角上还系了一个粉红色的蝴蝶结。唯一可惜的是，里面只印了英文，所幸小敏的英文好，虽有两个字看不懂，查查字典也就了解。

亲爱的妈妈！

亲爱的xxx女士
Happy Mother's Day
妈我好爱你，
是我的大太阳
节快乐
12 MAY
亲爱的
妈妈

你是我的怀抱、我的亲吻。

你是我的花园、我的港湾。

你是我幻想的实现者、梦想的催生者。

你更是

我心灵的家!

小敏买回来，读了一遍又一遍，觉得这设计卡片的人，真是自己的知音:“他写出了我要说的话！”

小敏在上面用中文写上了“妈妈”，又在下面签了自己的名字，早晨出门前，把卡片留在餐桌上。

“妈妈看到这么漂亮的卡片，一定会好高兴！”小敏心想，“这是我长到十八岁以来，送的最贵的一张了！”

果然，小敏进门时，看到妈妈一张笑脸，从

厨房探出来。

“你喜欢我送的卡片吗？好贵吔！”小敏得意地说。

“当然喜欢啦！”妈妈拿着一个盒子走出来，“我把这张卡片跟你以前送的摆在一块。”

妈妈打开盒子，把卡片一张张放在桌上。从小到大，小敏送的十几张卡片，妈妈居然全像宝贝一样藏着。

“看！这是你在幼儿园画的。还不会写字，由老师帮你写‘亲爱的妈妈’！”

“这一张会写‘妈妈’了，歪歪扭扭的字，大概是小学一年级吧！”

“这张写得就更好了，还会写‘妈妈我好爱你，你是我的大太阳’，多可爱啊！”妈妈笑得好开心。

妈妈又拿出一张。

“这张是小学六年级，画得精致、字也漂亮，里面的信更感人。”妈妈抬起头，“你知道吗？看这张卡片时，我流了好多眼泪，看了一遍又一遍，直到今天，还是好感动！”

再拿出一张，已经是存钱买的，只是印刷不够好，卡片上的颜色都套不准。里面“母亲节快乐”几个字，也印得很粗拙。所幸，小敏另外写了一首短诗。

接下来的两张，印得已经比较好了，文字也设计得不错。配上小敏写的几句感谢的话，还蛮耐看的！

“至于去年这一张，就印得更美了。”妈妈叹口气，“只是大概因为你功课忙，没写什么字。也可能是人家设计的文字已经很好，所以只需要填个名字。”

终于打开今年的信封，抽出那张华丽的锦缎

卡片，妈妈笑着翻过来、翻过去:“怪妈不懂英文，不知道上面的意思。你说给妈听听吧！”

“不！”小敏居然抢过卡片，“这张卡片不好！我要换一张。”说完就跑进自己房间。

小敏画了一张大大的母亲节卡。上面写着：

“亲爱的妈妈，看到以前我送您的卡片，才发觉自己长得愈大、读的书愈多，却也愈跟您疏远。我以为可以用物质、金钱表达我的爱。但是今天，我发觉自己错了。您真正在乎的，是我，您的女儿。让我做您永远的小女儿，像小学、像幼儿园时一样，那么真实，那么贴心，那么爱……”

有话要说

沉寂将近三十年的丁营长，突然打电话给记者，说他“有话要说”！

丁营长，老丁，那个退伍二十多年的老同事？当年一块喝酒扯淡的老朋友，他有话要说，说什么？

“老丁”，这个当年的关键人物，经过时间的冲刷，原本早被遗忘，现在却渐渐浮上“几个朋友”的脑海。

“唉！怎能把这个老朋友冷落了呢？”王将军

一早就轻车简从去找老丁，先交代侍从在山脚等待，再一个人上山。老丁的门没关，人正蹲在地上冲凉，差点泼了王将军一身水。

王将军走后不久，李市长也来了，居然放下百忙，陪老丁坐在门前的小板凳上，下了两盘棋。

山里的风带着草香、树香，穿过树梢发出沙沙的声音，使他们想起当年，一爬就是十几个山头，一打仗就是几天几夜不睡觉。刚捡回一条命，就摆下棋盘，开另一个战场。

棋还没下完，商业巨子老周也来了，提着两瓶 XO，爬了一百多级石阶，老周已经喘得不成样子。老丁自己炒了两碟菜，三人就在门前的风里小酌。

“还是你过得惬意！”老周拍拍老丁，“三十年不见，只有你，能做闲云野鹤。”说着叹了口气，“其实名利都是空的，不必计较太多。”

“老丁当年急流勇退是对的，算算几个兄弟，就数老丁最够义气。”李市长举起酒杯，“过去是我们太疏忽这个兄弟了，该罚该罚！以后老丁你要是有什么需要，包在我们身上！”

“可不是吗！这儿不好住，干脆搬我那儿去，我在城里有栋房子，空着也是空着。”

老丁没答话，只是笑。隐居到这山里二十年，老丁很少这样笑了。

也可以说几个老朋友，都已经太久不曾这样笑了。笑得开怀、笑得放肆，好像要把一切是非恩怨都笑忘掉似的。

他们约定，由各人轮流做东，带着酒菜到山上聚会，为当年的老战友排解寂寞。

从此山上常有笑声传来。连在山下等待的司机和侍从们，都感受到这不平常的喜气。

临终，三个老朋友都守在老丁病床旁边。

“谢谢你们！谢谢你们陪我度过最后的这些日子。”老丁气息已经十分微弱，“我没写什么，也早把当年的事忘了！我打电话给记者，只是想说：‘我好寂寞，好想看看当年的老朋友！’”

爸爸开车好得意

学讲话，应该是人的本能，即使是最缺乏照顾的孩子，都能把握每个机会，练习这人与人之间最基本的沟通技巧。

更不用说电视的时代了，随时打开电视，都有人在讲话，连原本外文发音的影片，都配了汉语旁白，对学外语的人来说固然是个损失，却增加了孩子学讲话的机会。

大约人人都会发现，孩子们最感兴趣的是电视广告，不仅因为广告的画面特别漂亮、语句特别精简，而且音量特别大，更由于广告会不断地重复，连幼儿都能熟悉其内容，而跟着手舞足蹈。许多广告的制作人，也就抓准了这一点，即使是专供成人使用的产品，也以儿童为“攻心”的对象。道理很简单，小孩正是大人的心肝，孩子喜欢，不断重复广告的内容，大人自然敌不过。

想想！什么播音员说出的话，能比自家爱子、爱女说出的更动听呢？

“爸爸开车好得意！”

最近电视上一个卖汽车的广告，正采用了这种战略。一个小女孩坐在父亲新买的车上，十分陶醉而得意地说。开车的父亲，笑得更是得意。

为什么不用老婆坐在旁边，说“丈夫开车好得意”，为什么不选个小男孩坐在妈妈身边，说“妈妈开车好得意”呢？

有一次几位老同学聚会，看到广告，大家议

论纷纷。

“因为决定买车和开车的多半是爸爸，”一位男同学说，“而爸爸最挡不住女儿的要求！”

“有道理！有道理！”大家为他鼓掌。

“这道理是亲身体验。我先花四十几万买了一辆小车，订金都付了，带三岁多的女儿去看，她居然摇头，说‘不是爸爸开车好得意’，正巧旁边有一辆电视里看到的，女儿就硬是要那辆，我只好多花二十万，换成那辆！”

“什么？女儿一句话，你多花二十万？”

“可不是吗？为了这二十万，我下班之后又兼了个差，每天十点以后才回得了家。”他沉吟了一下，“所幸，看到孩子，疲累就消了一半。有天晚上回家，小丫头硬是要我开车带她出去兜风。坐在我身边，我问她：‘爸爸开车是不是好得意？’你们猜，她怎么说？”

大家都猜:“是！”

“不！她把广告词改了。她说‘爸爸上班好辛苦！’”说完，这个四十岁的男人，居然掩面哭了……

九点钟的电话

小于和香香，真可以说是最要好的手帕交。

她们同在教会学校里住校，从初一直到高二，总是形影不离。两个人的家庭背景虽然不同，但烦恼却一样——她们都有一个啰嗦的妈妈。

小于的妈妈是幼儿园老师，大概因为带惯了小孩，一直到今天，跟小于说话还像是教幼儿园孩子似的慢吞吞，一个字、一个字地念。说完了，还要问“你听懂了吗”。

香香的家里开店，妈妈从一早就忙个不停。

不但得忙着送弟弟上学，抽空出去买菜、做饭，还得随时招呼顾客。尽管如此，她对远在学校的香香，仍要遥控。

每天晚上九点钟，宿舍电话响，没有人会去接，除了香香。

因为那一定是“香妈查勤”。每次香香都很不情愿、慢吞吞地过去接，再重重地把电话挂上：

“更年期的女人！”

这天课上到一半，香香突然被老师叫了出去，然后就没回来。

小于等到晚上，还不见香香，拨电话到香香家，才接通，就听见一片哭声。香香哭喊着说：“我妈妈心脏病，死了！她居然没对我说一句话，就死了！”

香香再回学校时，整个人像是缩小了一截。

不爱说话，也不愿出门。

最可怕的是，每天晚上九点，香香都哭，说为什么没有妈妈的电话。

小于也陪着哭。

渐渐地，香香的情绪平复了，两个人常在九点钟时坐在电话旁边，由小于拨电话回家。

只要听见妈妈或爸爸“喂”的一声，小于就把电话挂上，自言自语地说：“知道他们在家，真好！”

“知道你父母都在，真好！”香香也幽幽地说。

哭电视

将要出嫁的女儿开始搬家。先提走了三箱衣服，再拿出一盒化妆品和两个枕头、四个玩偶。最后，搬走了自己房间的小电视。

一直为女儿拉着门的母亲，看见小电视，突然掩面而泣。

女儿呆住了，匆匆把电视放下，过去安慰母亲：

“妈！你怎么了？”

“我看到电视，忍不住了！”

“电视？”女儿不解地说，“那是我自己买的啊！”

“我知道，我只是哭电视，不是哭你拿走电视。”母亲又抽搐了一阵，平静了，缓缓地说：

“当年你小的时候，我们穷，没有电视，一家人总坐在客厅聊天。然后，买了电视，一家人还是聚在客厅，虽然眼睛都盯着电视，但在广告时还能聊上几句。后来，你们都长大了，买了自己的小电视，吃完饭就躲进房间，看自己喜欢的节目，不过我还能从门缝里看见你们。”沉默了一下，母亲摇着头、咬着唇：“而今，你老爸迷上卡拉 OK，整夜不回家，在外面盯着电视唱。至于你搬家，妈为你织的毛衣，全留在柜子里；妈送你的亲手画的画，也留在墙上，你却没忘记拿走这小电视……”

女儿愣住了，想到过去二十年的种种，突然紧紧抱住母亲，相拥而泣。

妈妈的同学会

“带你出去吃饭。”爸爸对刚进门的珊珊说。

珊珊怔了一下：“妈妈不在家？又到开同学会的日子了？”

从珊珊能记事起，每年到这个时候，妈妈都要参加大学同学会。起初珊珊只是好奇地问问，后来不知为什么，只要听说妈妈又参加同学会，珊珊就会产生一种莫名的厌恶感。尤其是看到妈妈回家时，神秘兮兮的样子，珊珊更是不高兴。她可以感受到妈妈看爸爸的眼神，一副亏心的样子。

珊珊喜欢爸爸，爸爸从来不像妈妈那样疾言厉色，爸爸个性温和，珊珊说什么就是什么。

这也难怪，因为爸爸四十多岁才有珊珊，老年得女，又是独生女，当然宠得像个宝。

只是爸爸确实老了些，不能像别人年轻的爸爸，常带孩子出去郊游。妈妈虽然比爸爸年轻二十岁，也不怎么爱动，整天守在家里。

不过珊珊认为妈妈是装的，她只是怕人说闲话，说老夫少妻，老婆会红杏出墙，所以故意装成贤妻良母的样子。

“要不是当年你为了那个贱老婆，把房子卖了，现在能值几个亿！”珊珊记得很清楚，奶奶在世的时候，有一次跟爸爸吵架骂出来的话。她知道爸爸怕邻居闲言闲语，跟妈妈闪电结婚不久，就把爷爷留下的房子卖了。

只是每次珊珊问爸爸那房子的事，爸爸都挥挥手:“卖都卖了，过去的事，不要提了！”

爸爸愈是表现得温和，珊珊愈同情爸爸、仇视妈妈。所以尽管妈妈只是参加一年一度的同学会，珊珊也听了有气。

可怜的爸爸，居然心脏病突发死了，珊珊哭得死去活来。“带你去爸爸坟上扫墓。”这天妈妈对珊珊说。

墓园很大，盖满了整座山。下面许多早建的坟，都已经颓圮，山顶的新坟还在增加。

妈妈提了一大袋冥纸，在爸爸坟前烧，灰烬随风飘舞，珊珊哭倒在地。冥纸带了很多，妈妈说:“送点给死去的老同学吧！”

珊珊突然想起，这不是妈妈每年参加同学会的日子吗？

妈妈带珊珊走到山脚的一个老旧的坟前，蹲

下来凝视墓碑好久。上面记载的“殁日”，竟然正是今天。

“车祸死的，原本结婚日子都定了。”妈妈喃喃地说，站起身，拍拍墓碑，“你女儿终于来看你了！”

摘玉镯

自从家里换了大理石的餐桌，八十五岁的老母亲，就经常发出“惊人之响”。

当大家一齐把眼光望过去，老人家也总有些不好意思:“真是讨厌！这个玉镯子，老是磕着！”却又一边把镯子往上撩，一边用眼角余光，偷偷检视镯子有没有撞坏。

其实大家固然是被那玉石相击的声音惊到，跟着担心的却是怕镯子真被撞断了，所以看老人的眼神转为舒缓，也就都放下了“心中的一块石头”。

倒是不懂事的小孙女，总要歪着头问：“奶奶痛不痛？奶奶痛不痛？”

“当然痛喽！”老人家也总是这么回她，“奶奶心痛！”

餐桌的气氛就突然冷下来。

大概老人家也察觉了这尴尬的场面，常常还没上桌，就先拿条手帕把镯子裹上，使来访的客人，总以为老人伤了手腕，而一个劲儿地问。

“是伤了！”老人家抬起手，“你们瞧瞧！这大拇指转弯的地方，一块黑，就是镯子伤的，五六年了，都褪不了。我那干女儿，有一天为我洗手，擦上肥皂，突然冷不防地给我套上个镯子，套不下，硬塞，没把我这老骨头弄折……”

也便有客人出主意：

“既然是擦肥皂戴上的，就再涂肥皂摘下

来，看您拿碗的时候撞一下、撞一下，好不方便似的！”

老人就不答话了。

居然，有那么一次，来个冒失鬼，扑过去为老人摘，老人不断挥着手喊:“不可能！不可能！”却让对方一把抓住，轻轻一拉，镯子就脱手了。

一家人全愣了！

擦肥皂都戴不下去的，怎么不擦肥皂，却顺顺利利地摘下了呢？

老人也呆了，似笑非笑，环观众人，喃喃地说：

“怪了！敢情因为老了，瘦了，骨头缩了？再不然就是见了鬼，我死了的干女儿，想把镯子要回去……”

戒指的心意

每次看到别的太太过生日或结婚周年，戴着先生送的新戒指、新耳环，王太太就羡慕得要死。

王太太的首饰绝不比别人差，甚至可以说要高级得多。逛珠宝店是王太太最大的嗜好，只要看见哪家太太戴了件新首饰，王太太一定会去买件更好的，然后摇摇摆摆故意亮给对方看。

“比我的好太多了！”对方瞪大眼睛问，“谁给你买的啊？”

前面那句话固然是捧，后面那句可就说到王

太太的痛处了。

“我自己买的！”王太太表面潇洒，心里可不是滋味。她常想，为什么人家的老公没赚几个钱，却会为老婆买纪念品，我家的丈夫月入斗金，却忙得连结婚纪念日都从来不记得，更甭说买东西了。

“我给你钱，折现！好不好？”

每一次王太太提起自己的感慨，王先生就那么煞风景。钱！钱！钱！多没情调！他为什么不能像文艺小说里形容的，偷偷把一朵玫瑰花，留在老婆枕边，附带一张亲爱的小卡片。那多美！

“礼物的轻重，不是用钱来衡量的。最重要的是，送礼的人有没有心。”王太太有一次生气地说，“要是有一天，你死了，也该让我有些东西，能够睹物思人哪！”

“如果我死了，给你留下钱，不是更实际吗？”

王先生居然盯着手里的报表，连头都没抬。

王太太彻底失望了，谁让自己嫁给这块木头？王先生是工作狂，心里全是生意，当他出国，看见新奇玩具，不会想要买给孩子，只会说回国仿制能发财。

有一回两个人走在街上，看见一件新款女装，料子、手工、设计都好，王先生一把抢过去，王太太以为丈夫要付钱，正高兴，却见王先生翻了翻领子后面的商标，又给挂了回去：

“果然不出我所料，是老李做的！”

你说王太太吐血不吐血？

可是今天，王先生提早下班，一进门就把老婆拥入怀中。

吃完晚饭，一家人去看了场电影；孩子睡了之后，王先生居然神秘兮兮地从手提包里摸出个东西，给太太套在手指上。

王太太感动得哭了！兴奋得整夜睡不着。

王先生也翻来覆去。突然伸手过来，把妻子搂在怀里，许久，许久，王先生低低地说：

“最近公司体检，报告出来……”

怕看不到了

被一个微弱而颤抖的声音抓住，她停下步子，回头看骑楼墙边的老妇。

老妇低着头，半边身子靠在一家店铺的铁门上，一边小声说话，一边转动身体，最后竟成为头顶对着铁门，一副小学生罚站的样子。

话是重复的，说了又说，中间没有逗点。她终于听清楚，老妇说的是“我没钱回家”。

“你的家在哪里？”

“深坑。”

她掏了一百块钱，塞在老妇手里，走出两步，又不放心地转身问：

“你知道怎么回家吗？”

“不知道！我在前面下车，一直走，一直找。我孙子说好来接我，我已经等很久了，我饿了，我要回去了。”

到深坑的车她也不熟，带着老妇一路走、一路问，最后还是售票亭小姐指了指对街。

带老妇过地下通道。这位小脚婆，拉着扶手，走得很慢，蓝布裤管跟小布包沙沙地摩擦着。她帮忙接过布包，又伸手牵老妇，发现没有原来想象的老人臭味。

老妇在地下通道里，一颠一颠地走着，直喘气，却不断说：“小孩子一定来了，只是等错了地方，一定是我站错了地方，老糊涂了……”

“你的孩子为什么不来接你，而叫孙子来呢？

你家人又为什么不送你来呢？”

“大家都太忙啦！可是我也想孙子，虽然是外孙，也是想啊！半年没见了，怕看不到了！”

才走出地下通道，突然冲上个高中男孩子，大声喊着：

“哎呀！姥姥你跑到哪儿去了嘛！再不来，我就不等了！”接着抓住老妇的一只胳臂，抢过小布包，把老妇抱回了地下通道。

她转过身，走了几步，又转回身子，看看表，接着冲进电话亭。

“你们在家乖乖做功课，等爸爸回家，叫他带你们去巷口吃饭。”她对孩子交代，“我去接你们的阿婆，回来住几天！”

你等我，我等你

这是一个充满希望，也最没有希望的医院。

病人从各地赶来，把最后一点希望，交给了这里的医生。

候诊室里的景象是难以形容的。

有人默默垂着头，以仇恨的眼光盯着每只走过的脚。

有人不停哭泣，怨自己为什么这样倒霉。

有人高谈阔论，说这家医院有多么了不起，许多得这种病的人，都获得完全的康复。只是在他高谈阔论的背后，却掩不住自己的恐惧。

据说每三万人当中，才有一个会得这种绝症。

据说每十个病人，只有一个能拖过五年。

这样渺茫的希望，谁能不恐惧呢？

只是今天，医院里的气氛似乎有些不同。

两个病人在初诊时认识，同病相怜地彼此鼓励，经过半年多，居然宣布结婚。

婚礼是在医院礼堂举行的，这个平常专办丧礼的地方，居然张灯结彩，好不热闹。

新郎亲吻新娘之后，做了简单的致辞：

“自从我生病，个性就改了，不再那么急躁，也不再那么功利。我常想，如果我的妻子没有得病，她的脾气会是什么样子？我会不会像现在一样爱上她？我也常想，如果我是生病前的那个样子，她会不会爱上我？”

新娘笑着打断新郎的话：

“我敢肯定，如果我们两个人都没得病，我们不会相爱；我也肯定，而今在这世界上，没有比我们更适合在一起的恋人。”她拉了拉新郎，笑得很娇羞：“我们剩下的油不多，能走的路也不长，我们只想用这一点油，开短短一程路，看看风景、做个伴侣，然后在不远处，你等我！我等你！”

扫街奶奶

每个到小城来观光的人，都会到“扫街奶奶”的铜像前照张相，并听导游讲述那个感人的故事：

“扫街奶奶是五年前过世的，她活着的时候，在这儿一共扫了十二年街。”导游看看四周的街面，笑笑：

“当然，十七年前的街，如果像现在这么干净，也就用不着扫了。可是大家要知道，在扫街奶奶出现之前，这条街说多脏有多脏，到处都是纸屑、果皮和空瓶子，地上还常有一个个带血的脚印。”

听故事的人全瞪大了眼睛。

“别紧张！别紧张！”导游又笑着挥挥手，“那是猫狗不小心，踩到地上的玻璃碴子，割伤爪子，造成的血迹。当然了，地上脏也常造成人们摔倒受伤。直到扫街奶奶出现，真好像天使的‘星星棒’一点，整条街就干净了起来。”导游指指扫街奶奶的铜像：“你们看，她手上拿着一支特大的扫把，每天一早就出现，从街的这头，扫到那头。”

听到这儿，每个观光客都把手里的东西抓紧一点，唯恐掉了什么下去。带孩子的人，则叮嘱孩子，千万别乱扔东西。

“不要对小孩太凶，他们就算乱丢纸屑，扫街奶奶也不会生气的。她最爱小朋友了！她也有一个很可爱的孙子，扫街奶奶不但爱自己的孙子，也爱每个过路的小孩。当孩子们在街上乱跑的时候，扫街奶奶会劝他们跑慢一点，然后气喘吁吁地，先到前面把容易让人滑跤的果皮捡起来。”

“不是已经扫干净了吗？为什么还有果皮？”有观光客不解地问。

“您要知道，十七八年前这里的人，是多么没公德。扫街奶奶在前面扫，居然就有人在后面扔，甚至说：‘反正有老太婆扫，大概是商店雇来扫地的，我们不扔，她就没事做、没饭吃了！’”

“扫街奶奶不是商店雇来的吗？”有人问。

“当然不是！起初还有些商店不欢迎她呢！觉得她一天到晚在门前扫，是一种讽刺。但是他们渐渐开始感谢她，甚至端茶、拿椅子给扫街奶奶。”导游指指铜像前面的大楼，“这新大楼就是由那些商店合建的。自从扫街奶奶的名声传开了，许多人都好奇，来看看。这条街也因为特别干净，而迁进几家高级商店，大家跟扫街奶奶合作，把骑楼下堆的东西全清除，甚至修了招牌，使整条街变得又干净、又整齐、又漂亮，生意也就更好了！结果，别的街道都受了影响，居民也受了感化，整个小城都改观了。你们说扫街奶奶伟不伟大？”

“伟大！”听故事的人，异口同声地回答。

“正因此，前年大楼落成，也就是扫街奶奶逝世三周年，楼里的商家合资，为她立了这个铜像。”

“扫街奶奶的孙子，一定常来看这铜像吧？”有人好奇地问，“算来应该已经不小了。”

“如果还活着，应该有二十多岁了，十七年前，他跟扫街奶奶经过这里，不听话、乱跑，踩到一条香蕉皮，头撞到路边堆的箱子，当场就死了……”

擦屁股的记忆

在他童年的记忆里，父亲的形象远比母亲清晰。

夏天，他常跟着父亲到溪边钓鱼，躺在父亲的怀里听钓竿上的铃声。

冬天，他总被父亲抱在怀里，用那羊皮袍裹着，像是肚子里怀了个娃娃。他常想，如果记忆能再往前，或许自己的尿布，也是父亲换的。

父亲会帮他穿衣服、脱衣服、洗澡。

冬天不洗澡时，父亲就为他洗脚。先把他抱

到一张小椅子上，父亲再去打热水，颤颤悠悠地端来一盆热水，放在他跟前，把他的一双小脚泡在水里。

“痒不痒？”父亲为他一只一只脚趾地搓揉。

“不痒！不痒！为什么要痒？”他踢得父亲一身水花。

“你没有‘香港脚’，所以不痒！爸爸会痒，好痒！”父亲抬起脸，眼镜上全是雾气。

父亲也为他大便之后擦屁股，但是他宁愿母亲擦，不愿父亲帮忙。因为父亲擦得好奇怪，不用擦，只是轻轻地蘸，要好几次，才干净。

“这种黄草纸，会把你屁股擦破了，所以要小心擦。”到今天，他都能记得父亲弯着腰喘着气说话的样子。

从父亲去世，到现在已四十年了。他也成了父亲，且像自己的父亲一样，临老又添了个孩子。

他也为孩子洗澡、穿衣服。

有时候办公坐久了，蹲着照顾孩子，痔疮都隐隐作痛，尤其便后，卫生纸上常擦出血来。

他也为孩子擦屁股。

“为什么不用力擦呢？”孩子喊。

他才发觉自己有了像父亲的动作。

父亲用自己的感觉，想他的感觉。他又用他的感觉，想自己的孩子。而现在，他竟由自己身上，想到了父亲。

他的眼眶湿了，紧紧抱住自己的孩子。

再会了！巧巧

第一眼，真真就爱上了巧巧。

“我叫真真，你叫巧巧，真巧！真巧！你就能成为我的。”

每次盯着巧巧那双黑亮黑亮的眼睛，看巧巧兴奋地摇着小尾巴，真真就会把巧巧紧紧搂住。

巧巧确实灵巧，每一个真真指导的动作，它都一学就会。一个月之后，当真真把巧巧带回训练中心考试的时候，每个主考官都竖起了大拇指。

“这是我们从外国引进的优良品种，它们聪

明、强壮，而且忠心。”训练中心的人说，“加上你悉心的调教，将来一定能有杰出的表现。”

巧巧一天天长大，每个月回训练中心考试，都全部过关，眼看训练手册上规定的动作，巧巧就要学完。

过马路时看到红灯，真真还没停下脚步，巧巧已经停下来。碰到路上有凹洞，真真还没发现，巧巧已经会警示真真。真真觉得巧巧已经不仅是生活的一部分，而且成为自己身体的一部分。

问题是，跟训练中心约定的时间到了，真真不得不把巧巧交给下一位狗主。

交出巧巧的前一个星期，真真就天天哭，前一夜更是整晚不能合眼。点亮灯，真真望着巧巧落泪，巧巧也好像懂得似的，过来舔真真的脸。

“以后你要好好过，你的下一位主人，一定会更爱你的。”说完真真就号啕大哭起来。

红着眼睛，把巧巧交到新主人的手中，真真把一块巧巧最爱吃的饼干交给那人，再由那人放到巧巧嘴里。真真还带着那人和巧巧走了几圈。

离别的时刻终于到了。

真真最后一次拥抱巧巧、亲吻巧巧，眼看着巧巧被牵出门去。

模糊的泪眼中，看见巧巧带着那人，在十字路口的红灯前停下来，绿灯亮了，再向前行。

真真笑了，立刻向训练中心登记，愿意再担任义工，训练下一只导盲犬。

最美的结合

今天是玫瑰姐妹结缘五十周年的纪念，她们特意选在玫瑰花园举行。

坐在轮椅上的玫瑰姐姐，为妹妹介绍每位到场的宾客，并由妹妹代表握手致谢。

这些宾客都曾在过去帮助过她们，有出版公司的负责人、文艺评论家、报社记者和许多忠实的读者。由于他们的推动，玫瑰姐妹的作品已经成为畅销书排行榜上的常客。

尤其是她们的传记，更被许多学校作为教材，那是真正的励志书，激励大家如何残而不废，以及最重要的——彼此扶持。

是的！玫瑰姐妹就是在彼此扶持之下，平平安安、稳稳健健地走过了半个世纪。她们已经不再是两个人，而成为一个人。只要缺少姐姐或妹妹，剩下的那个，就只是“半个人”。

保育院以前的负责人，将近九十岁的郝老太太，也颤颤悠悠地致了贺词：

“当年看到玫瑰姐姐，我怎么也不认为她能活到今天。我做梦也想不到，一个手不能动、脚不能行，连轮椅都控制不了，连食物都送不进嘴里的孩子，今天能成为闻名的作家。

这都是上天的安排！就在玫瑰姐姐来的第二天，又有人送了个瞎眼的孩子进来，就是玫瑰妹妹。我灵机一动，何不让姐姐做妹妹的眼睛，妹妹做姐姐的四肢?

于是我教妹妹推姐姐的轮椅，再由姐姐指导她方向。不久之后，在姐姐的指导之下，盲眼的妹妹居然能爬柜子找糖吃。更不用说喂姐姐吃饭和穿衣服、洗澡了。她们成为育幼院里最温馨的一对，很早就离开院里，到外面独立生活。她们甚至能由姐姐看、两人想，再由妹妹打字，写出那么多成功的作品。”

纪念会的最高潮，是由妹妹推着姐姐的轮椅，走到宾客之间，朗诵她们新作的一首诗：

亲爱的!
请做我的眼睛，带我走一生的路；
请做我的脚，带我到幸福之地；
请做我的手，捧起清冽之泉!

亲爱的！

上帝为我生了你，又为你有了我。

我们不是残缺，而是

最美丽的结合！

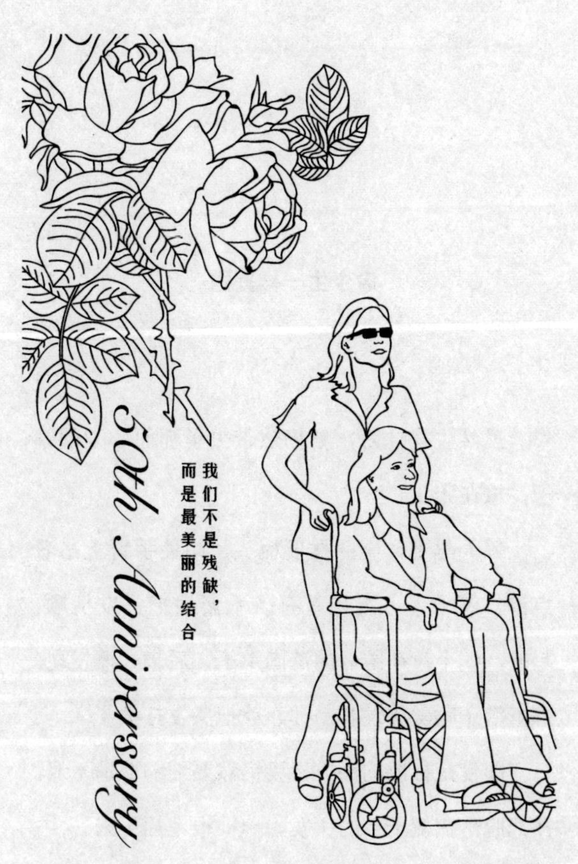
50th Anniversary
我们不是残缺，
而是最美丽的结合

像今生一样美丽

虽然生病住院，妻仍然带去了那面心爱的镜子，放在床头。

每天早上，妻照样要梳头，即使手臂上吊着点滴，不方便，妻还是有条不紊地把头发梳顺。起初，编个盘在脑后的法国辫子，后来大概发现，绑着辫子睡觉头发容易掉，就把头发打散了。

即使是打散的头发，妻仍然要细细梳理一遍，并把脱落在梳子上的头发，一根根地抽下来。

看到妻举着梳子，把头发都抽落在床单上，

他好几次想过去帮忙，都被妻拒绝了。

“我的头发细，容易开叉，又容易掉，掉的头发多可惜！”妻一边拍着发丝一边叹气。梳子弄干净了，又用手摸索床单上掉落的，然后捡起来一起交给他。

他便用双手小心地捧过，好像那些头发有几斤重似的，并且把头发偷偷装进一个纸袋。

纸袋真是愈来愈重了，如同他的心情般。

妻梳头的时间倒是愈来愈短，说一只手举着镜子、一只手梳头，实在太累。有一天，那镜子掉在床下，碎了。

他跑过去，蹲在床边，一边把碎片小心地捡起来，一边安慰妻：“还好！镜框没坏，把手也没断，下午就去配块新镜面。”

“不用了！”妻喃喃地说，“照镜子累，买顶毛丝帽戴吧！免得头冷。”

放射线治疗的后期，妻常喊冷。他便总是把妻抱在怀里，一手搂着妻的头，一手抓着妻的手，再用自己的面颊，贴着妻的额头。只是他的泪常止不住地淌，淌湿了妻的脸，和着妻的泪，湿了枕头。

妻临去之前，他匆匆赶出去，又急急冲回床边，及时把那顶假发戴在妻的光头上。

“这不是假发，这是用你自己的头发做的。”他在妻的耳边说：

“愿你的来生，像今生一样美……”

为自己活一次 ③

[美] 刘墉 著

天津出版传媒集团
天津人民出版社

为自己活一次

有年轻的心，真好

为自己活一次

手中的星星

有一位会看手相的朋友说："每个人的生命中，都有一颗星星指引他的方向，大部分人的星星在天上，他必须跟着星星走，让星星决定他的命运；而小部分的人，手掌上有一个星形的纹，那星星就握在他的掌中，由他自己去支配。"

但是我认为：即使我们手中没有那个星纹，也必须伸出毅力的手，把属于自己的那颗星星从天上摘下来，让自己决定自己的方向。

人无近忧，必有远虑

我们常说："人无远虑，必有近忧。"其实也可以讲："人无近忧，必有远虑。"在现实生活中满足而没有忧虑的人，并不一定快乐，因为他们总会想那遥远不可预期的未来。反而是那些生活在困境中的人，总忙着应付眼前的一切，倒也容易"知足常乐"。

拜伦说："忙碌，就没有时间流泪了。"不就是这个道理吗？我们唯有在困苦中才能磨炼自己，也才能不断获得突破困难后的快乐。

流年暗中偷换

许多蒙古人不说多少岁，只说“有了多少回”，意思是过了多少度春天。在北国，季节的变换特别鲜明；春天的萌发、夏天的繁荣、秋天的萧瑟、冬天的沉寂，各有各的风采。春去春回，也给人特别深刻的感觉。而在中国台湾，四季的变换不太明显，尤其在繁忙中逝去，便更难自觉，只有到月历撕去最后一张，才给人一种“又过了一回”的感伤。

词中说“流年暗中偷换”，真是描写得太传神了，时光的手，就是在偷偷地更换日子；偷换了我们的黑发为白发、健壮为衰老、敏捷为迟缓，偷换了我们的生命为死亡，想到这些，我们怎能不时刻警醒，分秒必争呢？

尽在不言中

据说有一次释迦牟尼在大会上说“法”，拿着一朵花，面对众人，一句话也不讲，大家都不知道他是什么意思，只有迦叶会心地一笑，释迦就把法门传给了迦叶。

这虽然只是有关禅的一段故事，但是在我们日常生活中，也往往有同样的情形，所谓“尽在不言中”，于心灵的沟通上，常有更完全的感应，问题是我们怎样在这个纷杂嚣嚷的世界中，保持一颗敏锐的心。

增益己所不能

李后主与李清照，是中国文学史上两位著名的词人，而他们的遭遇也是相近的。由后主的宫廷生活与易安的恋爱时期，到后主的失国北上与易安的夫亡南渡[1]，同样给予他们强烈的打击，但也因此造成词风由清丽婉约到雄奇凄厉的变化，更增加了他们作品的广度与力量，奠定了文学史上不朽的地位。

同样的道理，在我们的生活中可能有不大如意的事，就近处看虽是祸，就远处看，未尝不是福，因为那些刺激、震荡，带来的常是“增益己所不能”的力量。

身体、时间、环境

虽然说人类会进化，但是拿我们现在的身体跟几千年前的人比较，并没有什么大的不同。而我们的时间跟以前人

[1] 李清照的丈夫赵明诚死于宋高宗南渡的第二年，李清照时年四十五岁。

的时间也完全一样，在这个同样的身体与时间的条件之下，我们比前人进步，完全是因为身处的环境。所以要想使自己充实，身体的健康、时间的把握固然重要，环境的选择更不可马虎。

一个受教于十七世纪教法与观念的学生，不可能有二十世纪的创意。

童年的眼睛

我们小时候都读过童话，童话里说纺织娘会纺纱，牵牛花会吹喇叭，彩虹更搭起了七色的桥……童话充满想象，它不但充实了我们儿时的生活，更永远美化我们的心灵，所以即使到成年，我们还总是会以儿时的眼光看这个世界。

在国内为大人们写的书相当多，但是为儿童创作的东西却显得贫乏，除了那些古老的吴刚伐木、月里嫦娥和西洋的安徒生、格林，我们更应该为孩子们创造一些现代中国的童话，这样不但能充实他们幼小的心灵，也可以培育出更多富有想象力的下一代。

如何不写

海明威曾经说过，庞德是真正教他“如何写作和如何不写的人”。“如何写作”好比教我们如何获得一样东西;“如何不写”则是当我们已经获得后，教我们怎样将不必要的东西放弃。前者容易，后者就困难多了！我们往往在辛苦追逐到一件东西之后，便巴不得把所有的都一网打尽，结果不但拿不走，反而压垮了自己。

据说庞德曾将艾略特的得意之作《荒原》删除了二分之一，这固然是庞德伟大的地方，而艾略特能够接受，更是他的过人之处。

好读书，不求甚解

我们常形容人读书不精是“不求甚解”。这句话原出自陶渊明的《五柳先生传》:“好读书，不求甚解；每有会意，便欣然忘食。”不求甚解，并非绝对不好，因为许多文学作品都有着超乎表面的意思。所谓“横看成岭侧成峰”，疏影横斜，暗香浮动，如果硬要从某个角度去看，或是写得更明朗，也就少了弦外之音，不够耐人寻味了。

过度地了解，反倒容易减少美感，读诗做人，常是如此！

时间的电梯

如果时间像是电梯，我们就是乘坐电梯的陌生人。我们知道电梯在动，自己的感觉却并不明显；而当电梯的门再度打开时，已经投入一个新的环境了！

这个环境可能宁静，可能喧扰，可能有令我们惊讶的事物。在时间的推动下，展示在我们眼前的，永远无法预卜。

梦醒时

有人说："做梦是最美的，梦醒却最痛苦。"但是如果我们反过来说，则成为"做噩梦是最可怕的，梦醒的时候真感到高兴"。梦真是神妙，它能包含世上最美与最可怕的东西，所以在现实生活中，遇到无比美好的事，我们会说"美得如梦"；真正碰到大的灾祸，又希望那只是一场噩梦。

梦是另一个世界，让我们倾注幻想、交托命运；梦是另一种真实，一下金戈铁马，倏而霓裳羽衣，又"了无痕"地消逝。

愿每个从美梦中醒来的人，都能咀嚼那份美，且使美梦成真；每个自噩梦中归来的人，都能因那可怕的一刻，而对现实的美好深深地感恩。

鱼

如果说世界像一条河，我们就是河里的鱼，既然没有办法跳出去，就只有不断地跟逆流搏斗。我们没有无忧无愁的时候，只有忘了忧愁的时候，因为生活就是需要我们忧心。

如果在我们诞生之前，便把以后的一切摆在眼前，恐怕谁都不愿意被生下来，但是既然来到这个世界，就要勇敢地面对它。所以富兰克林曾经说过："人为生而生活，不是为生活而生。"歌德说："我有敢于入世的胆量，下界的苦乐，我要一概担当！"

幻想的松鼠

我们在卖小动物的商店，常可以看到松鼠，那些松鼠都被装在一个圆形的笼子里，松鼠一跑，笼子就打转。英国著名的文学批评家罗斯金（John Ruskin）在形容"幻想"的时候用的就是这个比喻。他说："幻想是一只松鼠，在圆形的笼子里自得其乐，想象自己是地上的漂泊者。"

问题是，松鼠就算跑上一辈子，也不可能逃出笼子，所以我们不能只是“幻想”，而要把幻想变为理想，将理想付诸实现。

诗中必有画，画中必有诗

苏东坡曾评王维的画是“诗中有画，画中有诗”。所以我们现在一提这句话，就会想到王维。其实哪一首好诗没有画境，哪一张好画又没有诗意呢？因为诗当有“意象”，正如梅圣俞所说，要“状难写之景如在目前，含不尽之意见于言外”；而画中要有神韵，恰如王原祁所讲：“画法与诗文相通，必有书卷气，然后可言画。”

镜子

朋友就像是镜子，可以正衣冠，可以知得失。但镜子也有不同：有些镜子大，可以照全身；有些镜子小，只可以看眉眼；更有些哈哈镜，足以扭曲我们的形貌。

大镜子可以给我们通盘的指正，小镜子可以使我们随时检点，至于哈哈镜，除了逗人一笑，就毫无用处了。

忘忧

我们常说:“人生最快乐的时光莫过于幼儿时期了！一上小学，功课和考试就接踵而来。”但是一个六岁以下的孩子，对于快乐又能有多少深入的感受呢？人在福中不知福，一个从不知忧愁为何物的人，是很难真正了解快乐的价值的。

忘忧！忘忧！唯有忧愁的人，才知道什么叫忘忧啊！

句号、叹号、问号

生命就像是一篇文章，在文章结尾有些人用的是句号，有些人用的是惊叹号，更有些人以问号来结束。

孔子、孟子是圣人，他们建立了自己的思想体系，所以用的是句号；岳飞、王勃，壮志未酬身先死，所以是惊叹号；至于不知为何来到这个世界，又懵懵懂懂过了一辈子的人，只好以问号来结束了。

万花筒

我们小时候都玩过万花筒，透过那些镜子，能够看到数不尽的美丽画面，不停地转，也就不断地变化，其实打碎了，里面只不过是一些彩色的小纸片罢了！

我们的生活也是如此，随着生命的转动，许多事情都是那么多彩多姿、交织幻化，其实看穿了，不过是一些简单的人、物而已！

敏感

我们常形容人很“敏感”，敏感的人能享受到比别人更强烈的快乐，也会更早感受到人的伤感。

艺术家通常比较敏感，所以能写出时代的精神、画出胸中的丘壑。但他们的敏感不是造作，不是为赋新词强说愁，更不是神经质，动不动就歇斯底里，而是一种真实的、慧心的、灵敏的感应。

有色眼镜

记得在很早以前上演过一部神话影片，影片中有一群人要到翡翠城去，其实那只是座普通的城，但是当每个人都戴上一副绿色的眼镜之后，就变成翡翠城了。

我们常形容人怀有偏见是“戴有色眼镜”，其实在我们的心中，有时加上几分自我创造的理想色彩，倒不失为一种美。

怀疑

我们常用“怀疑”这个词。怀疑使科学家推翻以前的定律，怀疑使奥赛罗勒死了苔丝狄蒙娜[1]，怀疑可以使兄弟反目、夫妇离异，也可以使科学进步、思想成熟。

古人曾经说过：“尽信书，不如无书。”[2]又说：“疑人莫用，用人莫疑。”对于知识我们应有怀疑的精神；对于朋友，则当采取信任的态度。

理想、事业、生活

人，有时候追求理想，有时候追求事业，有时候追求生活。

理想不一定能作为事业，事业也不一定全为了生活。

但是理想成为事业，就是最有希望的事业；生活合于理想，就是最满足的生活。如果三者能协调，就是最快乐的人生了。

---

[1] 见于莎士比亚作品《奥赛罗》。

[2] 见于《孟子 · 尽心下》。

婴儿的境界

王国维曾经在《人间词话》里说:“古今之成大事业、大学问者,罔不经过三种之境界:‘昨夜西风凋碧树,独上高楼,望尽天涯路。’此第一境界也。‘衣带渐宽终不悔,为伊消得人憔悴。’此第二境界也。‘众里寻他千百度,蓦然回首,那人却在,灯火阑珊处。’此第三境界也。”这与尼采精神的三变(骆驼、狮子、婴儿)相似,而其中最高的境界应该是第三个了。因为我们往往在困顿、流离,不断地追索之后,才发现所有的圆满、美好、天真,就在自己的身边。

《人间词话》中引喻的三种境界,第一境出自晏殊的《蝶恋花·槛菊愁烟兰泣露》,第二境引自柳永的《蝶恋花·伫倚危楼风细细》,第三境出自辛弃疾的《青玉案·元夕》。王国维在文后说:“然遽以此意解释诸词,恐为晏欧诸公所不许也。”所以研究这三种境界,不能以原词意,只可作为借喻。

第一境“昨夜西风凋碧树,独上高楼,望尽天涯路”,不是悲秋的小境界,而是面对苍凉的世态毫不退缩,以天下兴亡为己任,独抱济世的胸怀,也就如同尼采精神三变中“骆驼”的负重精神。

第二境“衣带渐宽终不悔，为伊消得人憔悴”，是以一种坚决执着的态度，朝既定的方向勇往迈进。如同屈原“首身离兮心不惩”“亦余心之所善兮，虽九死其犹未悔”的精神，也可以说是尼采所谓“狮子”的阶段。

第三境“众里寻他千百度，蓦然回首，那人却在，灯火阑珊处”，是一种“顿悟”的表现。当一个人追逐奔劳了半生，对戎马生涯突然感到厌倦，发觉周遭的宁静、质朴与美好，便一下子回到了“婴儿”天真完满的世界，也可以说是“觉今是而昨非”“是非成败转头空”“行到水穷处，坐看云起时”的心境。

幽默

我们常形容人很幽默，幽默不是滑稽，更不是造作的表现，幽默常起于对生活更深刻的体验，所以即使是一两句调侃的话，或是略带讽刺性的言语，也常能道出人生的真谛。

幽默能打破沉闷的空气，解开尴尬的场面，劝诫人而不伤情感，更能含不尽之意，见于言外。幽默真是一种最高的语言艺术。

志与趣

我们常说自己的志趣如何，其实志不一定是趣，趣也不一定合于志。志需要有固定的目标，所以是一种执着的前进；趣可以有很多方面，所以常成为一种消遣。

有志而无趣，生活容易枯燥；有趣而无志，就失去了方向。两者能够相辅，才成为完满的人生。

气质与风格

文艺界人士常说："气质决定风格。"气质是讲人，风格是说作品，但是能相互影响，所以我们由作品的风格可以见出创作者的气质。

每个人都有不同的气质与风格，不能去模仿别人，也不必去从事模仿，因为唯有独立的气质才能成为特殊的风格，也唯有独立的风格才能造就伟大的作品。

疏放的空间

常听人批评现在许多杂志的设计，往往版面大，文字用得却少，有时寥寥几行字，其他都是空白，使人觉得是种浪费。其实空白也被称为"视觉疏放的空间"，为的是消减我们视觉的紧张性，以注意文字的内容，反比那些密密麻麻的排列更见效果。

同样的道理，高楼林立的都市，需要绿地；紧张忙碌的工作，需要休闲；连那国画山水，都要在屏山障岫外，留许多空灵不画处。

繁密紧张间，适度的疏放，真是太重要了。

真的真与假的真

当一个人撒谎时，不论他讲得多么动人，只要我们知道他是讲假话，就一定会以虚伪为由而拒斥他。但是当我们在欣赏一件艺术品时，明知其为虚构、杜撰、想象的，仍可能深深为之吸引、衷心为之感叹。

现实的生活，是真实的，所以现实的人生，需要以写实来对待；艺术作品，是再创造的，所以只要感性的真实，也就足够了！

雅俗

我们常用一个形容词——“俗”。俗是通俗，也就是常见的，但是同一样事情在此处很俗，在彼处却可能非常雅。譬如“肥”“瘦”这两个字很俗，但是“绿肥红瘦”[1]、“露浓花瘦”[2]，李清照却能用得非常雅。我们会认为“破”字很俗，但是“云破月来花弄影”[3]、“暂引樱桃破”[4]，张先与李后主却能用得奇雅，所以雅俗没有绝对的分别，完全看它用在什么地方。

生命的火柴盒

我们的生命就像是一个火柴盒，里面包含着许多火柴。每当我们点燃一根，虽然盒子里减少了一根，但是也发出了光和热。

善用火柴的人，能点起一片灿烂的烛光、一堆熊熊的营火；不善用的人，却可能焚去整山的森林、成列的房屋；至于那最不懂得利用的人，则过早地划了火柴，结果一下子引燃整盒，早早就离开了人世。

---

[1] 宋 · 李清照《如梦令 · 昨夜雨疏风骤》：“昨夜雨疏风骤，浓睡不消残酒，试问卷帘人，却道海棠依旧。知否，知否，应是绿肥红瘦。”

[2] 宋 · 李清照《点绛唇 · 蹴罢秋千》：“蹴罢秋千，起来慵整纤纤手。露浓花瘦，薄汗轻衣透。”

[3] 宋 · 张先《天仙子 · 水调数声持酒听》：“沙上并禽池上暝，云破月来花弄影。”

[4] 南唐 · 李煜《一斛珠 · 晓妆初过》：“晓妆初过，沉檀轻注些儿个。向人微露丁香颗，一曲清歌，暂引樱桃破。”

世故

当我们少年时，总有许多憧憬、幻想，但是到了成年又容易变得世故、现实。“动见瞻观，何时易乎？”[1]一方面是因为别人的约束，一方面也因为我们自己拘束了自己。世故使人成熟，但是如果我们的心也世故了起来，就容易失去生命的冲力了！

允诺

允诺常是一种负荷，因为即使是口头的允诺，也是一张要兑现的支票。而我们常犯的一个毛病，就是有着太多的允诺；为了避免被当面拒绝的尴尬，却成了长久背负的责任。

所以古人说：“一诺千金。”却又讲，“古者言之不出，耻躬之不逮也”！

悲剧

没有人喜欢悲剧，但是如果悲剧发生了，我们就必须勇

[1] 魏·曹丕《与吴质书》：“以犬羊之质，服虎豹之文，无众星之明，假日月之光，动见瞻观，何时易乎？”

于面对它。

有时候悲剧更能给予我们震荡，让我们警醒，使我们有更大的勇气去承担另一次打击；有更高的智慧，去看清人世的沧桑；且有更敬谨的心，去回忆曾有过的美好。

所以说：人若不能欣赏悲剧的美，便无法在精神上站立起来。

固执

我们常形容人很固执，其实每个人都有一份固执，只是不一定明显罢了！有的人凡事必固执己见；有的人表面固执；有的人表面不固执，内里却很坚持。

固执不一定就不好，如果人连一点固执都没有，也就太缺乏自我了。所以固执当有，但要适度固执，要择善固执！

不泥古

我们常发现许多学者的好作品，都是在年轻的时候完成的，年纪愈长，反而愈不敢动笔了。因为他们用词必古人，否则就自觉言语无味；用典必古事，否则就显得学问不渊博。但是如果都这样，我们这一代又能拿什么东西给以后的人看呢？

所以我们必须以年轻的冲力加上年长的慎重，站在古人的肩上高瞻远瞩，而不顶着古人的头颅以为标榜，才能成就伟大的学问。

眷恋眼前

有一位著名的画家对我说，他不是不想改变画风，而是不敢；因为那是他成名的风格，唯恐一变，别人就不欣赏他了。

许多人不能成就伟大的事业，都是因为过分眷恋眼前的一切，希望由别人的好恶，来决定自己的方向。岂知对于艺术家来讲，唯有他自己能够决定他的风格，唯有历史能给予他真正的评价。

小阳春

秋天到了！有的树已经开始落叶，为这将至的冬天而叹息；有的树却当它是一个小阳春，开放出春天的花朵。

同样是秋，有的人觉得凄风冷雨，萧瑟肃杀；有的人则以为是秋高气爽，最是宜人天气。随着心境的差异，同样的季节可以予人全然不同的感受。所以遭遇厄运，有的人会哀天怨地，一蹶不振；有的人却能泰然处之，开创新机。

抱琴未须鼓

最近看到一幅明代画家沈周的扇面，上面画着一棵芭蕉树，树下坐着个老人，抱着琴却没有弹，题的诗是：“蕉下不生暑，坐生千古心。抱琴未须鼓，天地自知音。”

在我们的生活中，常有不吐不快的事情，有些是郁闷的，有些是愉悦的，但是在宁静中，自我去体会，慢慢去释怀，不也是一种趣味吗？这也就是“但识琴中趣，何劳弦上音”的境界了！

沉默

同样是沉默，智者与愚者的沉默，勇者与弱者的沉默却不相同。

勇者与智者的沉默可能是睿智的思索、力量的积蓄；愚者与懦弱者的沉默则是无知与退避。

但是所有伟大的沉默都应该伴以一个伟大的行动，如果永远沉默下去，就没有智愚的分别了。

自学

从事教育工作的人都知道，有些知识在学生还没有遭遇困难的时候，就要先告诉他，使他不多走冤枉路。有些知识，则明知学生会遭遇困难，也不能先讲，要使他自己在冲撞、错误中反省、学习。

在求学的过程中，我们不能希望永远获得现成的知识，因为许多伟大的学问，都是形成于我们亲身的体验与重重的疑难当中。

浅啜与牛饮

同样一杯茶，有的人大口大口地喝，只为了解渴；有的人小口小口地啜，为的是品尝。

对于生活也是如此，有的人为了生存而生活，有的人为了体味生活而生活，后者比之前者不是更多一分生活的趣味吗？

遗忘

我们常抱怨自己容易遗忘，其实遗忘不见得绝对不好。在我们的生活当中，有许多痛苦、尴尬、仇怨，就是因为我们会遗忘，才能被冲淡。

古人说：“施人慎勿念，受施慎勿忘。”如果我们总能记取那些善的，而忘记那些丑恶的，世界也就会变得更美好了！

精神的松懈

做过学生的人都有经验，就是在考试一个星期之前所念的书，一直到考试都不容易忘，但是考完才两三天，就可能丢掉了一大半。

精神的松懈，常是我们失败的最大原因。一刻松懈，可能使我们失去多日辛劳的成果，想到这些，我们怎能不时刻警惕呢？

美的印象

每个人都在生命中追求永恒，但是我们周遭又有多少是永恒不变的呢？爱尔兰大诗人叶芝有一句诗："万物皆变，凡美丽的终必漂走。"得意伴随着失意，安定伴随颠沛，花开接着便是花落。时间不断流动，我们的形貌也终将衰老，唯一不变的恐怕只有花开时，留在我们心中，那永恒不灭的美了。

莫负今生

宇宙真是太浩渺而神奇了！往后看，我们不知道过去有多少年；往前看，也不知未来要怎么变。唯一值得高兴的是：不论过去亿兆年如何迁化，眼前的世界就是这个样子，属于我们的这一刻也便是最新的，而且一直到我们离开人世，这最新的一刻总与我们同在。

“何幸生于今朝！”每个人都能如此说，因为当他说的时候，正站在时间的最前端。

“莫负今生！”每个人都当如此想，因为当他想的时候，时间已经不断地飞逝。

消化知识

如果我们拿十几年前的电影，跟现在的电影比，会觉得后者在节奏上要快得多。同样一件事，过去要花很长的时间解释，而现在只要稍稍一点拨，人们就了解了。

知识大量地增加，时间却依旧，使得我们每一刻要接受几倍，甚至几十倍于前人的东西。所以我们除了要把握时间、分秒必争之外，更要不断训练自己接受与消化知识的能力。

偶然与必然

一条窄小的巷子里，两个人相对而行，在中间碰面了，这件事情是偶然还是必然呢？他们是必然会相遇，但是对于这两个人来讲，却觉得是偶然了！

每一个偶然都是必然的，每一个果都是有因的。所以我们不应该只是等待偶然的机缘，而应该主动地去制造必然的机会。

欣赏者的创造

同样一首曲子，不同的指挥家指挥起来效果不一样，不同的演奏者演出也有差异，不同的欣赏者更是各有各的感受。在艺术作品发表与欣赏的过程中，每个人都有发挥感性与创造的资格。

所以不论是文学、美术，还是音乐，如果表现得太固定、述说得太完全，反倒不够耐人寻味了！

内在美

我们常形容人有“内在美”，艺术欣赏也有所谓内在美。有些艺术品初看不美，但是愈欣赏愈觉得动人；有些艺术品初见很美，却愈看愈乏味，前者比后者就多一份内在美。

美不仅是停留在表面的东西，不是以言语能形容的东西，所以愈深沉、愈耐人寻味，愈美。

国家的基础

我们总看到一些科学非常进步的国家，投下很大的资本，去从事没有什么显著效果的研究，常觉得有点多余。其实一个国家的强盛，是由各方面点滴集合成的，船坚炮利只是表面的东西，唯有当政治、军事、经济、文化、科学、体育俱已进步的时候，才能构成一个国家坚固的基础。

这就好比功课好的学生，固然容易金榜题名，但是真正的“好学生”，却需要德、智、体、美、劳，五育兼修才行啊！

情理兼顾

我们可以形容一个人的皮肤很白、牙齿很白、穿着一件白色的衣服，但是皮肤、牙齿、衣服的白却不相同。这表示我们心中有一个白的标准，只是在不同的情况下可以改变。

同样的道理，对许多事物的判断，我们应该因时、因地制宜，情与理兼顾，如果只知道死守一个规矩，就是扞格不通了。

智慧与聪明

《辞海》记载:“智慧犹言聪明。”其实深刻地讲起来，聪明和智慧是不同的，有智慧的人都聪明，但是聪明人却不一定有智慧。

聪明偏重于智商，智慧则是洞察事物整体并全然领悟的能力。所以聪明不足恃，唯有智慧才能成大事业。

天才

我们常形容有的人是天才，天才有超于常人的想象力，天才常不安于现状，常不能忍受过于平静的生活。但是天才不一定都伟大，甚至多数的天才都没落了，因为他仗恃着自己的天赋，放弃了踏实学习;他没有建筑起蔽体的屋舍，只想望那缥缈的宫殿。

19世纪西班牙著名提琴家萨拉萨特曾对赞美他是天才的人感慨地说:“天才!三十七年来，我每天要练习十四小时，他们却称我为天才。”所以即便是天才也必须加上锲而不舍的努力才能成功。

败而不馁

“兵败如山倒”，我们常因为一步走错，而方寸大乱、风声鹤唳、草木皆兵。但其实如果我们能稳定阵脚，下一步未尝不是新的开始。

失败为成功之母，问题是我们能不能痛定思痛、沉着振作。所以胜而不骄固然可喜，败而不馁更为重要。

失败的缄默

我们常犯一个毛病，就是对于自己的错误与不好的遭遇，编织借口自我原谅、自我安慰。

尼采曾经说过:“受苦的人，没有悲观的权利。”同样的，对于失败我们应该保持缄默。因为唯有在困境中求得胜利，才能说明一切，也唯有信心与勇气能够在命运之前发言。

生命的标点

如果生命是一篇文章，我们就必须为其加以标点，否则容易段落不够分明，而那些标点则是生活中最值得记取的事。譬如在某一年的暑假，你学会了游泳，虽然呛了不少水，但是每当提起那一年的暑假，你就会很容易地想起就是那个学游泳的暑假。

同样的道理，如果我们每隔一段时间，都能有一些特别的生活体验，回忆也就变得段落分明了！

准点

记得我在学生时代，有很长一段时间没动笔，再拾起笔的时候，却觉得自己的作品进步了。我以这件事请教老师，老师说有两种可能："一种是由于在这段不动笔的时间中，你有了新的领悟；一种是因为长久的荒废，使自己的眼光降低了。"

我认为每当我们感觉自己有进步的时候，都应该以这两点去反省，因为有些进步不是真正的进步，反而是自己的标准降低了。

酒酸了，打掉

十几年前上演过一部有关艺术大师米开朗基罗的电影，其中有位卖酒的商人，新打开了一桶酒，但是米开朗基罗觉得有些酸，卖酒的人便毫不犹豫地一斧头打翻了整桶酒。就因为这件事，米开朗基罗决定重画已经完成大半但自己并不满意的作品。这也给了我们一个很好的训示：

只要不好，哪怕是一点点，也要勇于革除，如同那卖酒的商人所说："酒酸了，打掉！"

才惊庭前春草绿

最近我作了一首诗，其中有两句："骋目方知南天远，回头犹见北山低。"因为生活在这个局促的城市里，我们容易变得短视，常为不必要的事争逐。只有当某一刻突然醒悟，放眼四顾，才会惊讶于世界是这么大、名利是那么小。

所以在这首诗的最后，我写："待等明朝松雪凋，才惊庭前春草绿。"

水果的哲学

我们在吃水果的时候常发现，外表光滑而且芬芳的香瓜，里面却可能已经臭了，但是皮已经干了的荔枝，果肉却依然甘甜而柔美。

我们为学做人应该像荔枝而不要像香瓜，宁可外表贫乏而内容充实，也不要看起来美丽，里面却见不得人。

以天下兴亡为己任

常听人说"明哲保身"，或是"不做不错"，如果大家都这样，真不知道还有谁能“见危致命”“仗义执言”“革命救国”了。

我们常犯一个毛病，就是“打儒家的招牌，行老庄的无为”，其实老庄的思想又岂是消极的呢？《岳阳楼记》中有一句:“先天下之忧而忧，后天下之乐而乐。”今天的国家，正需要这种“以天下兴亡为己任”的人。

驾驭文字

我们常评论人写文章，有没有驾驭文字的能力。

在文字的处理上，用“驾驭”两个字，真是太妙了！因为马需要骑士的驾驭，文字也要作者的安排。马想驾得好，要多骑；文字想用得妙，要多写。马要肥壮，需多加草料；文章要充实，应多添词汇。两者虽不同，道理却是一样的。

生命是一种责任

生命是一个过程，也是一种目的。在短暂的生命历程中，我们必须使生命具有更高的意义，在自己有限的生命中建立起一些永恒的东西。这更高的理想，不仅仅是为了自己的存在。譬如最简单的，我们往往为自己身后的事担心，不是担心自己，而是担心下一代。

所以生命更是一种责任。

注：我们常说婚姻使人成熟，其实不如讲，婚姻使人更能意识到自己的责任，深切地体会、认识到自己存在的重要性。没有家的人，可以以天下为家，进退都少拘束，胆子也比较大。但是对于有家的人而言，妻子儿女都是牵挂，要有所决定，总多一份顾虑。同样是战争，对于成家与未成家的人，感觉却大不相同。成了家的人除了保卫社稷，更为保全自己的家人而战。谈到下一代，没有孩子的人很难有深刻的体会，有孩子的人却可能为他子子孙孙的幸福，奉献出自己的生命。

患得患失

曹丕的《与吴质书》中有一段："年行已长大，所怀万端，时有所虑，至通夜不瞑。"随着年龄的增长、接触的频繁和责任的加重，纷杂的人事常常萦绕在心中，久久不能放下，直到事情过后，又觉得自己当时的忧心很多余。问题是为什么在事情发生时，就是看不开呢？

人有得失心是对的，但不能患得患失，如果总是于小处斤斤计较，很难成就大的事业。

关切

我们常形容自己很寂寞，寂寞有时候是因为没有人关心自己，有时候是因为没有让自己去关切的人。譬如老人家当子女离开身旁以后，会觉得寂寞，一方面是因为子女的离开，一方面更因为缺乏让自己关切和照顾的人。

所以要想打破寂寞，最简单的方法，就是去关心别人。

点、线、面

有人说中国人是一个讲究“面”，而不讲究“点”和“线”的民族。其实在某些方面，这倒不失为一种优点；譬如艺术，中国没有精确的“透视学”，但是绘画不失远近高低之感。禅学、老庄虽然玄奥，但是更能直指人心，含不尽之意见于言外。所以说:“能读无字之书，方可得惊人妙句；能会难通之解，方能参最上禅机。”

高考

每年将近高考，总见许多应届的考生，一天天地数着日子，焦躁会觉得时间过得慢，紧张则觉得日子特别快，那忐忑不安的心理压力，似乎更甚于功课的重量。

其实要来的终究要来，也将成为过去，一生中，我们哪一刻不是在面对考验呢？除了高考，改变我们命运的机会真是太多了，一次的失败不能代表永远的失败，一次的成功也不可能成为永久的保证啊！

拥有现在

我们常碰到一些作文题目："如果我还是个大一的学生""如果我还在高中一年级"。其实倒不如作"如果我还能拥有现在"，因为当我们讲这句话的时候，现在已经过去了。

回顾过去，只为策励将来；而把握现在，正是开创以后。

矜持

我们常形容人很矜持。矜持的种类很多，有谦虚的矜持、怯懦的矜持，也有高傲的矜持。高傲的矜持常成为傲慢，怯懦的矜持常成为拘谨，谦虚的矜持常成为含蓄。

所以矜持并不一定都好，唯有当矜持成为自然、含蓄、蕴藉的时候，才能成为一种美。

杂志般的生活

如果生活像是一本综合性的杂志，我们就是这本杂志的主编。

这本杂志要有论文的严肃、散文的轻快、小说的变化、诗的超脱。它们是那么有节奏地排列着，那么清新隽永、耐人寻味，使人读完了还想读，直到每个字都深深印在我们的心上。

有年轻的心，真好

前些时候看到一篇文章，题目是:“年轻，真好！”其实年轻与年老有什么明显的界限吗？如果说年轻代表冲力、热情、理想，难道年老的人就完全失去了这些吗？

我们不能被年龄的数字所欺骗，二十岁的人不见得年轻，八十岁的人也不一定年老，完全要看他是否具有一颗年轻的心。所以应该说:“有年轻的心，真好！”

未完成作品

世界上许多伟大的艺术作品，都是所谓未完成的，甚至有些艺术家留下的一大半作品，都没有完成。其实对于完成与否，我们很难下个定义，因为艺术品不同于数学，有个固定的答案，只要不能增减一字，不能增减一笔，给人一种完美的感觉，也就是完成。如果硬要规定到某个程度，倒可能画蛇添足了。

注：艺术创作，作者认为完成，就是完成。创作者在动手之前不能预期完成的时间，也不能毫厘不差地预期完成作品的内容。因为创作过程，就是目的。在此过程中随时可能产生新的灵感，如果非要完全依照事先的计划，也就难有神来之笔了。

同时，艺术创作是创作者精神的发挥，意到笔未到，要比笔到而意不足，更耐人寻味。

有时创作者原先设想要数月才能完成的作品，可能在一夕之间，就发现不能多加一笔，似乎是雏形的画面已经将绘画的精神完全表达，此时该作品应视为完成。

山水兼胜

孔子说:“知者乐水，仁者乐山。”[1]“知者乐水”是因为

[1] 战国《论语·雍也》:“子曰:‘知者乐水，仁者乐山。知者动，仁者静。知者乐，仁者寿。’”

水的澄澈、流动与深沉难以测量;“仁者乐山”是因为山的丰盛、敦厚与环抱的胸襟。但是水若不倒映着山影,总觉失色;山若不受水的润泽,也容易枯干。山水兼胜,岂不更美!

品茗与求学

在我们的生活中,有些东西应该浅尝,有些事物则当深取。浅尝的如果没有节制,就容易失去趣味;深取的如果不够,就容易捉襟见肘。

浅尝譬如品茗,要的是那分馨雅;深取譬如摄食,要的是充足的营养;浅尝又譬如消遣,要的是精神的疏放;深取的又譬如治学,要的是敦厚的知识。两者必须兼备,才能成快乐的人生。

心灵的四季

中国人对于四季似乎特别敏感,绘画要讲究四时,说是“春山如笑,夏山如怒,秋山如妆,冬山如睡”[1]。连唐诗

[1] 清・恽寿平《瓯香馆画跋》:“春山如笑,夏山如怒,秋山如妆,冬山如睡。四山之意,山不能言,人能言之。秋令人悲,又能令人思,写秋者必得可悲可思之意而为之,不然,不若听寒蝉与蟋蟀鸣也。”

也有分成四季的说法。[1]

四季除了是时间的变迁，也是心灵的一种感受，随着我们心情的起伏，即使在一天当中，不也可能有四季的变换吗？

适时而动

《桃花源记》这篇文章我想各位都读过了，其中有一段描写桃花源的文字："土地平旷，屋舍俨然，有良田美池桑竹之属，阡陌交通，鸡犬相闻。"前面都是静态，到最后才表现动态，还加上了声音，使得文章一下子生动了起来。

写作是这样，为人不也如此吗？静然后动，适时而动，更有效果！

注：在中国文学作品当中，像这样的例子相当多，而最早也最精彩的应该算是《诗经·卫风》中的《硕人》篇了，

---

[1] 吴经熊博士《唐诗四季》："我认为唐诗的境界有春夏秋冬四季之分。代表春季的，有初唐的一些诗人，以及王维和李白。代表夏季的，如杜甫，以及描述战争的一些诗人。代表秋季的，包括白居易、韩愈，以及和他们两人常在一起吟唱的诗人。代表冬季的，如李商隐、杜牧、温庭筠、许浑、韩偓，以及另外几位次要的诗人。"

其中第二章描写庄姜的美："手如柔荑，肤如凝脂，领如蝤蛴，齿如瓠犀，螓首蛾眉。巧笑倩兮，美目盼兮。"

形容的次序极为巧妙，由手到皮肤到颈到牙齿到额眉，渐次而上，前面都是静态，最后则以"巧笑倩兮，美目盼兮"的动态，点化全体，美人形象一下子生动了起来。无怪乎姚际恒说："千古颂美人者无出其右，是为绝唱。"

色彩的生活

近年来国内建筑发达，室内设计也愈来愈讲究，而在室内设计中色彩是最重要的。色彩的差异，能造成寒、暖、进、退等不同的效果，更能影响我们的情绪。

红色的奔放、蓝色的沉静、黄色的明快、靛色的深沉，如果我们能随时改变周遭的色调，生活也就更多彩多姿了。

工作与生活

工作的成功并不一定就是生活的成功。

如果工作只为生活，就成了不得已的工作；生活只为工作，就成了枯燥的生活。唯有当工作成为生活情趣的一部分，才是美满的人生。

宁适的完满

“采菊东篱下，悠然见南山”是陶渊明著名的诗句，也是千年来人们所向往的境界。这句诗的美不在于写景，而是心境闲适的完满感。

身处这个忙碌的社会，我们的“充实”是以许多事物“填塞”而成；其实在忙碌之后让身心都宁静下来，往往会有一种更完满的感受。

情人眼里出西施

我们常说“情人眼里出西施”。其实在任何一样平凡的物体上都可以见到美，美是一种心灵的感应，它常出于爱，而爱总需要相处。

跟一个外表丑陋的人相处久了，可能会发现他的内在美，甚至连他表面的丑陋，也变得可亲。一首深奥的诗，多读几遍，便可能欣赏到那境界美，连艰涩的文字，也变得易解。

所以要想欣赏到更多、更深的美，就先要去爱、去解、去认识、去观察。

气

中国人非常重视气，不论讲人或是品评作品，都常以气去形容。譬如才气、品气、俗气、行气[1]、气韵、气机、气势等。孟子重视养气[2]，文天祥也讲：“天地有正气。”

如果说有形的是生命，气就是灵魂，生命赖灵魂以带动，生命可死，正气长存。

合欢木

我家附近有一棵合欢木，每天晚上，小小的叶片都会合在一起。但是有一天晚上我经过那棵树下，发现叶子居然没有合，而第二天那棵树就死了。

在有秩序的生命过程中，我们不要奢求某些反常的现象，就像那棵合欢木，它的生意并没有更为加强，反而是失去了。

---

[1] 创作者形式固定，因袭不变，乏于思考者谓之“行气”。譬如某人因为某一作品而成名，从此就依照此一作品形式，大量制造，久之则成行气难改。

[2]《孟子》有《养气篇》。

洞观全体

我们常说“学历史使人聪明”，这聪明的不是智商，而是看了历代的盛衰、兴废、治乱，所得到“洞观世事”的能力。

我们做其他的学问也应当这样，不要过于片面，而当洞观全体，唯有了解了事物的本末之后，才能有更准确的把握。

心远地自偏

陶渊明有一首非常著名的饮酒诗，其中前半段是：“结庐在人境，而无车马喧。问君何能尔？心远地自偏。”

“远”这个字，实在有很深的哲理。画，放远看，常更美；山，站远看，常更幽；对名利看得远，就能潇洒；对小人避得远，则少是非；将思想放得远，能洞观事物本体；将心放得远，能少去许多烦扰。

人生在世，近朱墨、近声色，都容易；最难的就是这个“远”字。

楼梯与电梯

就时间效率来讲，我们上楼应该坐电梯而不要爬楼梯。但是就做学问来说，则应该爬楼梯而不要坐电梯。

我们要一步一步、踏踏实实地做，学问才能坚固，如果只想求快而走捷径，则是非常危险的。所以梁启超说：“学问之功，贵乎循序渐进，经久不息。”

美

我们常形容风景很美，其实美的不是风景，而是我们的感觉。同样的道理，我们周围的一切事物，不论是崇高、滑稽或悲壮，只要注意去欣赏它、体味它，就都能有一份美。

美不受价值、地域、人的限制，它完全存在于我们的心中，等待我们随时去感应。

生命的领悟

有的人读了十几年的书，就能写出很好的作品；有的人却念了一辈子的书，仍然毫无自己的见解，这是不多思考的缘故。对于生命也是如此。有些人还很年轻就能对生命有深刻的体会；有的人却活了七八十岁，仍然不知道生命的价值与意义。

生命的充实，不在于年岁的长短，而在于领悟生命的深浅。

人不是为失败而生

《老人与海》这部小说我想大家都看过了，在这部名著里，海明威刻画出一个坚毅而不向命运屈服的老渔人。虽然他最后所得到的只是一副马林鱼的骨头，但是他在精神上是成功的。

我们的生命中也可能遭遇到种种磨难，但是不能唯恐失败而退缩。因为光荣地死，常比苟且地生，更有生的价值，这也就是海明威所说“人不是为失败而生，一个人可以被消灭，但是不能被打败”的道理了！

历史像一篇文章

如果历史像一篇文章，我们就是其中的一两个字。

文章是要不断写下去的，我们的任务则是使上下文能够承接，而且写得更好。

欣赏无偏见

我们常可以看到，当小孩子刚学会一句话的时候，总是重复地使用它，也不管用得适当与否。

在学习欣赏的过程中，我们也跟小孩子差不多，每当我们新学会或者新领悟一种美的原则时，就总以这种原则去看每一样东西，非某一家的画不看，非某一种的酒不尝。其实真正到了欣赏能力的最高境界，也就没有偏见，无所不能欣赏了！

重视根本

有人说:“没有押韵，就不能算是诗。”这当然有他讲求“音乐性”的道理。但是如果我们反过来想，用了韵的诗，却没有诗的本质，算不算是“诗”呢？所以有言道“东汉以降，乃以无韵属之文，有韵属之诗，判而二之，文章日衰，未始不因乎此”。

同样的道理，我们为学做人，不能过分拘泥于形式，反而忽视了根本的所在。

存在的意义

“存在”这个词，有许多不同层次的意义。狭义的存在，是存活，只要“双肩承一喙，俯仰天地间”地活着，就是存在。广义的存在，是长存，由“独善其身”，进而求“兼善天下”，譬如诸葛亮，由“躬耕南阳”，进而“见危受命”，由小的个人存活，大而为国家、民族的存亡继续努力。

求个人的存活者，常能苟存性命，活得久些；求兼善天下的人，常会牺牲小我，活得短些。但是后者的存在，是为众人存在，也将会“长存”在人们的心中。

行百里者半九十

我们常说：“好的开始是成功的一半。”但是又讲：“行百里者半九十。”前一句譬如写文章，开头最难。后一句好比作文容易虎头蛇尾。

一件事情要想获得真正的成功，不但要有事先周详的计划，更得加上坚持到底的精神。

绝弦与割席

大家都知道“伯牙绝弦”和“管宁割席”的故事，伯牙因为子期死了，就把琴摔碎，再也不弹琴。管宁因为华歆不努力，只向往荣华，则将席子割断以示绝交。一个是因为再没有知音，一个是因为志趣不相投。

由此可知，古人对朋友是多么重视，对于择友是多么慎重了。

母爱

如果问这世上最崇高而无条件的爱是什么，那应该就是“母爱”了，因为它几乎可以说是一种与生俱来的情感和执着，不仅为人类所拥有，也表现在千千万万其他动物的身上。看那袋鼠怀着孩子，无尾熊背着宝宝，鳄鱼衔着幼子迁徙，鸵鸟、企鹅、母鸡，撑着翅膀，保护自己的下一代，怎能不令人感动于那母爱的神妙、伟大呢？

母爱是向下、而很少要求回报的，她给予子女的，总比子女回馈的多。小时候，母亲是我们的摇篮、手帕和百科全书；青年时，母亲是我们的训诲、指引、安慰；中年时，如果母亲仍健在，她满是皱纹的脸，则像是一首诗，让我们歌颂。因为已经做了父母的子女，才能更深刻地体会母爱的伟大。问题是，对那垂暮年老的母亲，我们能做些什么呢？

我们当成为她的眼镜，看到盼望的实现；成为她的拐杖，在倾倒时得以依靠；成为她手的延长，把母亲给我们的爱，交给下一代。

碗与碟子

同样分量的汤，装在碗里只有一碗，倒在碟子里却能盛满许多碟；但是如果我们用汤匙去取，每次在碟子里只能得到一点，而在碗里却能得到满满一匙。

做学问，应该像碗而不要像碟子，深而丰厚，远比范围大而浅薄来得有用。

看重自己

小时候总听见大人们讲：“儿童是国家未来的主人翁。”那时听到这句话，心里不觉得有什么，甚至还认为大人们只是说得好听而已。但是随着年岁的增长，自己肩上的担子一天天重起来，才渐渐领悟到这句话的真义。曾有一篇文章开头就说：“我们人活在世上，最要紧的，是自小就要看重自己。”真是一个警句。

时间的马车

如果时代像是一辆马车，我们就是车上的人。一方面是我们驾驭着马车跑，另一方面也是马车带着我们跑。时代会因为我们的创造而改变，我们也因着时代的进步而进步，每一分每一秒，这两件事都同时发生，想到这些我们怎能不把握时间，分秒必争呢！

天生的诗人

我们常说“诗人是天生的”，其实不如讲“人是天生的诗人”。在日常生活中，许多情境都能引起我们诗一般的感触，只是没有办法描写出来，作成一首诗罢了！所以曾有人在评论他想象的诗人时说：“你的脑筋搏动则成音调，别人只能感觉的，你却能说得出。”

但是话说回来，能在生活中保有一份诗的感觉，即使写不出，不也足够了吗？

施比受更有福

德国著名的心理学家弗洛姆（Erich Fromm）在《爱的艺术》这本书里说：“不成熟的爱，所遵循的原则是‘因为我被别人爱，所以我爱别人’。成熟的爱，所遵循的原则是‘因为我爱别人，所以我被别人爱’。”听起来似乎没有什么不同，其实当中差距很大。

我们往往只要求别人给予我们什么，却不想自己给了别人多少。真正的快乐不一定是入超，所以基督教有一句话：

“施比受更有福。”

艺术陶冶

我有不少习画的学生，当他们刚开始学画的时候，都有同一种感觉，就是虽然绘画的技巧一时很难成熟，生活却变得充实了。季节的更换、草木的消长、各种色彩与形态的美……以前不曾注意的，现在都能很深刻地感应到。所以艺术陶冶，真是我们充实人生的好方法。

乐观与幸运

我有一位朋友，总有着很好的运气。他表示获得好运的秘诀是每天早上出门，如果遇到晴天，就说:“啊！这是个多么美好的天气。”如果是阴雨，则讲:“这是个多么有情调的天气。”坐上车他会想:“今天是个幸运的日子。”然后觉得每个人都在对他笑，好运也就跟着来了。听起来似乎很迷信，但是我想主要的原因，是他总能保持一颗乐观且充满希望的心。

共同的命运

有一位美国宇航员在离开地球飞往月球的途中，看着渐渐远去的地球。曾经感慨地说：

“我们都是生活在同一个星球上的人类，却为什么有那么多纷争？”

动物的相爱，往往是因为意识到彼此共同的命运。我们有时因为生在同一个家庭而相爱，有时因为生活在同一个地区而相爱，如果不断地扩大下去，就会及于全人类、全宇宙。

感应时代

我们常说“伟大的艺术家是超越时代的”，其实不如说：“伟大的艺术家更能感应这个时代。”

任何一种作品，不论它是什么主义，都是这个时代的产物；任何伟大的艺术家，无论他多么先进，总生活在这个时代当中。他们的伟大，只是在别人还未感应时，已经能表达出来罢了！

距离与美

如果有一幅画，题目为“阳明山”，没有到过阳明山的人，会说这幅画真美。曾经去过的人可能会讲：“美得很像阳明山。”至于住在阳明山的人看了，恐怕就要问他的家在画上什么地方了！

不论绘画、戏剧、文学，离开一段距离再欣赏，往往更能抓住它的精神，生活的艺术不也是这样吗？

时间的洪流

从我们这个时代看几万年以前的人类，会觉得他们是那么不文明，但是如果我们往未来想，几十万年以后的人看我们，不也是如此吗？

在无尽的时间洪流里，在无涯的知识海洋中，我们所拥有的实在不多，所幸的是在历史上，我们占有重要的地位，因为过去千万年人类智慧的宝藏都交在我们的手里，我们且将加上利息，更丰富地传给下一代。所以不论未来的人类多么伟大，没有我们，他们是不可能成功的。

诗

在中国文学史上，诗占有极重要的地位，除了咏物言情，还可以用来讽刺时政，所以孔子说："诗可以兴，可以观，可以群，可以怨。迩之事父，远之事君。"

诗讲的是含蓄、是蕴藉，但是又有"显"与"隐"，"大境界"与"小境界"，"田园派"与"边塞派"的分别。总之，诗所能表现的真是太多了，包括看得见与看不见的。所以宋代诗人梅圣俞说：“状难写之景，如在目前；含不尽之意，见于言外。”

择书

《朱光潜谈读书》里说：“多读一本没有价值的书，就丧失了可读一本有价值的书的时间和精力。”书是读不尽的，所以我们必须加以选择，而且不单要选择有价值的书，更要选择那些适合自己程度的书，因为在学术上有价值的书，不见得对每一个读者都有价值，譬如《哲学概论》就不一定能对小学生有多大的帮助。

所以我要说：“读书当选择，选‘对你’有价值的书。”

不落幕的舞台

人生像一场戏，这个世界是一个不落幕的舞台，我们则是穿梭其间的演员：有的人演配角，有的人演主角。台上不可能老是我们在演；有时我们可以走到后台，喝点茶，或是检讨一下自己的演出，到我们该出场的时候，就又回到舞台上。不论我们是主角，还是配角，这场戏总不能少了我们；不论我们是在前台还是在后台，都是为了演好这场戏。

隐藏艺术

中国有句俗话："金刚怒目，不如菩萨低眉。"艺术也是如此，柔比刚、隐比显、含蓄比暴露，更耐人寻味。

所以禅学中有"禅语"，绘画讲求"空灵"，诗文讲求"蕴藉"。西方人也说："艺术的最大秘诀，就是隐藏艺术。"

时间的效应

记得我在小学的时候，每次因为生病不能上学，躺在床上总在想："我没有去上课，别人是不是还在上课呢？"真是非常幼稚。

这个世界会因为我们的创造而改变，但不会因为我们的停止而停止，它给予每个人同样的时间，问题是，在那段时间当中，我们做了多少有价值的事。

举一隅，必以三十隅反

孔子曾经说过："举一隅，不以三隅反，则不复也。"

生活在这个知识爆发的时代，每个人的心都变得更敏锐，我们必须以有限的时间去了解更多的事物，以有限的经验去推想更多的情境，所以就这个时代而言，应该是“举一隅，必以三十隅反”了。

放松自己

我们常发现，同样的高度大人摔下去会受伤，小孩子跌下去却可能没事，这主要是因为小孩子的肌肉能够放松，大人则不然。在这个分秒必争的社会里，我们往往紧张，即使在睡觉的时候，也不能完全放松，所以要想保持身体健康，最重要的就是学习放松，而放松的第一步，不是放松肌肉，而是放松精神。

对生命负责

我们在报纸上常可以看到有些老人跟着孙子一块儿去上学，或许会想：他们读了书又能用得了几年呢？

其实没有人知道自己的寿命有多长，但是即使上天注定我们明天要离开这个世界，我们今天仍然应该努力地生活着，因为生活的意义是：只要我们活一天，就要对这一天的生命负责。

突变与蜕化

艺术大师毕加索，真可以说是拥有多彩多姿的一生。提到他的画，许多人都说看不懂，但是如果我们看他早期的作品，就可以知道他的写实技巧相当成熟，而且在自然中改变画风。

由此可知：求新求变的第一步，不是打破传统，而是了解传统；不是表面的反叛，而是内在的蜕化。

银与不锈钢

近年来工业发达，不锈钢的制品既便宜又漂亮，制成的餐具往往跟银做的差不多，幸亏银比较容易生锈，才分得出什么是银，什么是不锈钢。

交朋友也是如此，幸而那些真朋友还会与我们为真理而争辩，同时指出我们的错误，才能与那些只会阿附嬉乐的“假朋友”有所分别。

一沙一世界

在我们日常生活中常可以发现，当心情平和的时候，似乎每一样东西都变得更美好；当我们心情宁静的时候，每一件平常的事物都可以触发更多的灵感。所以华兹华斯说:“诗起于沉静中回味得来的情绪。”英国诗人布莱克也说:“从一粒尘沙里可以看出世界,一朵野花中见到天国。”

如果我们能保持一颗沉静的心,就会对生活有更丰富的体味。

过程与目的

我有位学艺术的朋友,画一张素描往往要花上两个月的时间,但是画好之后就扔在地上不要了。我问他为什么不重视已经完成的作品,他说因为素描对于他来说只是“过程”,而不是“目的”,他的目的在于打好素描基础以完成更高的艺术创作。

确实如此,在我们求学的过程中,眼光要放得远,对于眼前成就的过度眷恋,只能成为人生旅途中不必要的包袱,影响我们前进的步伐。

一本读不完的书

如果这个世界是一本读不完的书,我们就是读这本书的人,它不可能因为我们的阅读而增加,也不会因为我们的荒废而减少。它是那么充实、完美，且不含有任何创作者的主观感受与文辞的堆砌，它蕴藏着无尽的宝藏，等待我们去发掘。

每个人都拥有这么一部伟大的书，问题是我们能不能阅读它、咀嚼它、消化它，如果只是放在书架上，就如同没有一样了！

流行

服装的样式总是在变；鞋子尖了又圆，圆了又尖，领子由大而小，又由小而大。每当这一个样式在流行的时候，我们总觉得上一个样式落伍而不够漂亮，但是等到三十年前的样式再流行起来，又会觉得它很美。

我们的审美往往跟着人群跑，所谓“流行”真是欣赏的一大阻碍。唯有抛除这些盲目的成分，才能真正走到纯美的领域。

风雨中的花

画花卉的人，多半不喜欢在花圃里大量种植的花，因为那些花虽然开得饱满而鲜艳，却总是欠缺那份劲拔与含蓄的美。略被虫蚀的叶片、几分残破的花瓣、盘错孤挺的枝干，才是画家们特别钟爱的。

“力”是一种美，而生命的过程正是一种力的表现。唯有艰苦地冲出地面，受尽风霜雨露打击而获得成长的，才能散发出自然生命的美。

人生不也是这样吗？

上闹钟的精神

使用闹钟的人都有经验，如果每天定时起床，常在闹钟响的前一刻，自己就醒了。但是尽管如此，我们每天晚上还是要将闹钟对好，唯恐有一刻失常而误了时间。

同样的道理，在我们的工作与生活中也有体现，即使不容易错失的事情，还是应该时刻检点，这也就是上闹钟的精神了。

何当共剪西窗烛

现在的月历，都印刷得很精美，而人们对过了期的月历，有两种完全不同的处理方法：

有些人只要新的月份一到，就把旧的一页撕下来丢进纸篓，或是让孩子们去包书；另一种人则小心翼翼地将上一张翻到背面，以后还总是拿来欣赏。

这也就象征着我们两种不同的生活态度：有的人急于追求生活，唯恐今日之不过，明日不再来；有些人则喜欢回味生活，“何当共剪西窗烛，却话巴山夜雨时”[1]。年轻人常属于前者，年长的人多属于后者，至于何者为妙，只有各人自己去体会了。

蕴藉与深沉

《哀悼基督》是艺术大师米开朗基罗最著名的作品，它不仅表面完美，更含有一种深沉感人的力量；因为米开朗基罗在创造这个作品时，没有让圣母的脸上有过于强烈的表情，既没有蹙眉，也没有痛哭，而是以一种宁静的姿态，按捺内心最深的伤恸。

同样的道理，在文学艺术的表达上，险怪奇丽不见得就好，唯有蕴藉才能深远，也唯有深远可以给予我们心灵恒久的感应。

[1] 唐 · 李商隐《夜雨寄北》：“君问归期未有期，巴山夜雨涨秋池。何当共剪西窗烛，却话巴山夜雨时。”

好奇心

我们常形容儿童有强烈的好奇心，其实成人又何尝没有呢？

为了一窥广寒蟾殿的神秘，人类登上了月球；为了探索另一个世界，哥伦布发现了新大陆。好奇心是与生俱来的，它常跟生命力成正比。愈是对生命充满希望的人，愈是急于探索前面的路途。所以不论我们年龄有多老，只要仍然保有一颗强烈的好奇心，就是年轻！

有为者亦若是

当我们读一篇文章的时候，常想象作者是什么样子，但是真正见到本人，发现他们的形貌并不特别，他们的生活也很平凡，便有一种梦想破灭的失望。其实这正是我们建立信心的机会，唯有当我们把对于崇拜者的神秘感除去之后，才可能客观地学习，乃至超越。这也就是颜渊所说“舜何人也，予何人也，有为者亦若是”的道理了。

细心

我们常形容人很细心，细心有与生俱来的，也有后天培养而成的。有些人凡事都细心，是真正细心；有的人只能对自己经常的工作细心，是职业性的细心。

细心必须谨慎而不怯懦，条理而不拘泥。唯有既能小心地求证，又能大胆地假设，既能追根究底，又能推陈出新的人，才能够获得真正的成功。

诗比历史更真实

为自己活一次

精简

学校里常有辩论比赛。辩论比赛的规则，对于每个人发言的时间总有限定，讲话时间超过或者不足都要扣分，前者是为了避免人拖延，后者就有商榷的必要了，因为如果一句话就能把人驳倒，又何必多废话来凑时间呢？

同样的道理，不论是写文章或是开会，我们都应该尽量避免冗长无谓的语言，否则不但耽误别人的时间，更浪费自己的生命。

欲望的流沙

我们常形容“欲望”是一个深渊，其实倒不如将它比喻为“流沙”。因为流沙不像水，由表面可以看得出来，它外表宁静而内里流动，常连我们自己也不能觉察。

流沙更不像水可以覆舟也可以载舟，它能吞噬无限的东西而不露痕迹，当我们不知不觉陷下去的时候，就已经无法自拔了。古人常说“恬淡寡欲”，要想减少自己的欲望，只有保持一颗恬淡的心。

为学与种花

要想庭园里四季都有花开，就必须种每一个季节的花，而且不管它是否正在开花，都要辛勤地浇灌。

为学好比种花，要想应付裕如、左右逢源，就必须多读多看，而且不管是否急需，都要随时不断地充实。

自有我在

明代的大画家石涛曾经说过：“笔不笔、墨不墨，自有我在。”造成许多初学者，误以为笔墨都不要紧，只有个人的风格才重要，其实石涛在讲这句话时，对于笔墨的修养，已经到达了最高的境界。

艺术固然主要在表达创作者的心灵，但是表达的技巧却需要长期地锻炼，因为唯有当我们技巧成熟，随意挥洒也能不失规矩的时候，才能无拘束地写出胸中的境界。

钟声

身边的钟常会嘀嗒嘀嗒地响，我们却不可能一直听见，其实不是听不到，而是没有注意，只要略微凝神，就可以很明显地感觉到。

许多美好不断在我们身边呈现，许多机会不断从我们指间溜走，我们却没有感觉，原因很简单——没有静心观察！

日记

许多人都写日记。写日记的好处很多，可以锻炼文笔，可以做备忘录，最重要的是可借以自我检讨。生活在这个忙碌的社会，我们很少把发生过的事情拿来反省，但是当我们记日记的时候，不得不把过去的一天回想一遍，也自然做了一次检讨的工作。

写日记贵在有恒，造次必于是，颠沛必于是；写日记贵在真诚，因为那是写给自己看的，没有半分的造作、丝毫的虚假。

人生的战场

人生就好像一个战场，上面布满了地雷，如果我们丝毫不差地踏着前人的足迹走过去，会非常安全；因为如果有地雷，前人已经先遭遇了。但是以后的人，却不可能看到我们踏出的脚印。相反，如果我们完全走自己的路，可能会遭遇危险，壮志未酬身先死，但却能留给后人鲜明的印象。

平凡人是前者，伟人是后者。

净化

我有一位朋友，他插在瓶子里的花，总能比别人维持得久。我问他有什么方法，他说很简单，只要每天换水，并且把花梗剪去一小截就可以了。因为花梗的一端在水里容易腐烂，腐烂之后不能吸收水分，就会容易凋谢。

由这一点我们可以得到一个启示，如果我们生活的环境像瓶里的水，我们就是花，唯有不停净化我们的四周，而且随时检讨，革除自己的缺点，才能不断吸收到精神的食粮，保持一颗纯慧的心。

太阳与月亮

我问过许多朋友："太阳与月亮，你到底喜欢哪一个？"他们的答案多数是月亮，原因是太阳不是一直都可爱的，它可能带来溽暑难熬的天气甚至可怕的旱灾；而有月亮的晚上，多半很有情调。但是当我说两者只能选择其一的时候，他们则毫不考虑地要太阳了。

同样的道理，在人与人的相处中，我们往往比较喜欢那些好施小惠、善于逢迎的人，唯有到紧要关头，才会深切地感觉到那些真正默默照顾我们、不时教训我们的人的重要。

致知在格物

西洋有句名言:“既是真理,又何必问是谁说的。”孔子也曾说:“君子不以言举人,不以人废言。”由许多平凡的事物上,我们常能领悟很深的道理;由许多普通人的言语中,我们常可以发现超人的智慧。

所以《大学》中说“致知在格物”,而柳宗元的《种树郭橐驼传》中,更能“问养树,得养人术”。了解了这一点,我们就会发现,这世界上的每一件事、每一个人,都是我们学习的对象。

逃避现实

我们常形容人逃避现实,其实现实是根本无法逃避的,因为逃避现实这个行动本身就是一个现实。这也好比我们不愿意面对眼前的东西而转过脸去,但是转过脸仍然逃不开眼前的一切。

“抽刀断水水更流”,现实不可能因为我们的逃避而消失,更不可能随着我们的凝滞而停止。像鸵鸟一样把头埋在沙里，只会制造更多被捕的机会。所以对于现实，我们只有一条路，就是面对它。

高山与坦原

如果在人生的旅途上有高山也有坦原，我们最彷徨的时候应该是在坦原而不是在高山。因为当眼前横着高山的时候，我们只想到如何攀越，但是当坦原展现在面前，却往往不知道该选择哪个方向了。

这就好比我们在学生时代，每天只想到应付眼前的考试和升学的大关，但是等学业告一段落，却不知该怎么办了！所以攀高山的时候我们就应该计划以后的路，学生时代更要立定自己的志向。

因为了解而结合

我们常说“男女因为误会而结合，因为了解而分开”，意思是结合的时候彼此了解都不深入，而当神秘感逐渐消失，相互的缺点也都展现出来的时候，两个人就必须分开了。

其实真正深切的友谊与爱情，正是在了解之后。唯有当彼此能够容纳对方的缺点、欣赏对方的性格时，才可能铸就永恒不变的情感。

痛痒之间

皮肤的感觉很妙，轻轻抓觉得痒，甚至令人发笑，但是用力大一点，就不会痒反而觉得痛了。开玩笑就好比抓人痒，恰当的是种轻松、幽默，可以逗人一笑，但是如果过火就会伤感情了。

跟我们的皮肤一样，每个人对于玩笑所能忍受的程度也不相同，我们必须因时因地因人而有所节制。这是一种礼貌，也是一种艺术。

偶然的涉猎

许多伟大的成就常起于兴趣；许多兴趣常起于自信；许多自信常只是因为比别人多那么一点点；许多比别人多的一点，都是由于课外偶然的涉猎。从小学到高中，每个人所读的课本都差不多，真正能造成明显差距的，常是我们在课外所获得的知识与经验，而这一点又常是造成我们兴趣、自信与成功的因素。

课本上的东西固然重要，课外的吸收更是一刻不可停止。

距离

同样一棵树，艺术家看到也许会歌颂它姿态的美，植物学家看到可能要推算它的年龄与品种，至于木匠看到，恐怕就要想它是不是一块良材了。距离我们的生活愈近，愈容易带有实用的色彩。皮鞋店的老板常盯着过路人的皮鞋看，西装店的伙计常打量别人的衣服料子与做工，对于这两种人来说皮鞋与西装是不易产生纯美的。

美的欣赏需要距离，这也就是古人吃饭喝酒的用具，能被我们陈列在艺术馆欣赏的道理了！

水的性格

人的性格就如同流水：水愈浅，流愈急；水愈深，波愈平；有的水表面起伏而内里宁静；有些水波澜不惊而暗藏漩涡；有的水是长河大江，浩浩荡荡；有的水是细流清浅，潺潺涓涓；有些水会一雨成灾，随四时晴晦而变；有些水能容纳百川，不滥不旱。

水深者未必没有漩涡，水广者未必不能成灾，能容百川、纳雅言、不随风起浪、不逞一时意气的毕竟不多。

利与弊

当汽车刚发明的时候，有人高兴地报告未来的福音："从此我们可以不再听马蹄的嘈杂声、嗅粪便的骚味；空气将出奇地干净，女士们的白衣服也不会再因为马尾的拍打而被弄脏。"但是到今天却大不然了，街道上汽车争鸣，震耳欲聋，喷出的黑烟，令人作呕，空气污染更是到了危害人们生命的程度。

由此可知，世事很难如我们预料，凡有一利也常有一弊，只是当利刚产生的时候，我们不一定能注意到弊的存在罢了！

眼睛

眼睛是灵魂之窗，最能表达人的情绪。"美目盼兮""婉如清扬""回眸一笑百媚生""眼波才动被人猜"，文学作品中真不知道有多少形容眼睛的词句。戏剧中更有所谓"眼先引"，青衣含蓄、花旦乖巧，随着角色的不同，眼睛的转动也不一样，可知眼睛的修养是多么重要了。

眼睛贵在清、明、澄、澈，不染纤尘，不带造作。因为眼能传心，所以要想有一双美丽的眼睛，最重要的就是

“思无邪”。

宁静

我们常用“宁静”这个形容词。狭义的宁静是指无声的沉寂，广义的宁静是指心灵的平适与造成平适的环境。

所以柔美的音乐使我们觉得和谐，深林的鸟鸣使我们觉得悠远，清雅的馨香使我们怡然陶醉——都是一种宁静。

风、云、水、山

十五岁是风，二十岁是云，二十五岁是水，三十岁是山。

诗是风，散文是云，小说是水，论文是山。

风可感而不可见，云可见而不可捉，水可捉而难把握，只有山是沉厚而实在的。但云是风的面貌，水是云的凝结，山是水的故乡。没有风，云便不再飘游；没有云，雨便不再降下；没有水，山便将要枯黄。

亮、大、可以游

国画大师张大千曾经说过：一张好画应该合于三个条件，也就是第一要“亮”，第二要“大”，第三要“可以游”。

所谓“亮”不是指光线，而是说画的体势不凡，放在许多画中，能使观众一眼就被吸引；所谓“大”不是指画面大，而是说能“小中见大”；至于“可以游”，就是要能耐人寻味，引人入胜了。

我觉得这三点除了可以形容画，也可以形容人。能有过人的气质，就能“亮”；能有恢宏的气度，就能“大”；能令人觉得亲切，就“可以游”。这三点不也能成为我们修身的准则吗？

出国线与回国线

许多人看相，都爱问有没有“出国线”，认为有出国线是最幸运的。但是我认为应该问有没有“回国线”，因为有回国线，必然是有出国的机会，只有出国线却可能会流落异乡。人不论年纪多大，痛苦的时候常会叫“妈”；不论出国多久，重病时总会用自己本国的语言呻吟。青年时在异域虽可能因争逐忙碌而冲淡乡愁，但是随着年龄的增长，叶落归根的想法自然会愈加迫切。

“少小离家老大回，乡音无改鬓毛衰”，即使儿童相见不相识，总比葬身异域来得好些。所以有“出国线”不足喜，有“回国线”的人才真是幸运的人。

插花

会插花的人，即使是枯枝两根，凡花数朵，粗陶一皿，也能配置得典雅脱俗，清新悦目。

会生活的人，即使是粗茶淡饭，竹床藤椅，蓬门陋室，也能安排得宁静闲适，怡然自得。

咖啡室

在繁华的市区，我们常可以见到幽雅的咖啡室。有着和谐的灯光与柔美的音乐，当我们跨入其中，街道上的喧闹就被摒出了厚厚的玻璃门外。这时我们可以坐在舒适的座椅上，一边啜着饮料，一边欣赏音乐，十分惬意。但是当我们工作的时间到了，推开门，迎来的又是一片嘈杂的世界。

现代人的宁静就是如此，不是遁隐山林，离开人群，而是在喧嚣与扰攘之间，寻找宁静。

伟大与渺小

我有一位朋友，非常喜欢登山，国内著名的山峰他几乎全登遍了。我问他登山有什么感觉，他说：一则以喜，一则以悲，喜的是觉得自己很伟大，悲的是又感觉自己很渺小。当辛苦登上山巅之后，看万物都在脚下，那种“会当凌绝顶，一览众山小”的伟大感觉是最快乐的。但是跟着举目苍天，俯瞰大地，又觉得在宇宙之中，自己是那么微不足道，而有“寄蜉蝣于天地，渺沧海之一粟”的悲哀。

历史上许多伟大的人物，事业愈是成功愈谦虚，学问愈是渊博，愈觉得自己贫乏，不也就是这个道理吗？

享受生活与生活享受

有人要享受生活，有人要生活享受，二者听起来似乎一样，本质却大有不同。

享受生活重视的是精神，生活享受重视的是物质。知足常乐的人，多半可以惬意地享受生活，贪婪富贵者却常不满于生活的享受。因为“享受生活”的人，“享受”由“生活”所带来，有生活，就有享受;“生活享受”的人，“生活”是由“享受”所堆成，没了享受，也就失去了生活的意志。就因这着眼点的误差，有人竟一辈子失去了“享受生活”的享受。

韶华不为少年留

当我们在童年时代，对于光阴的过往，很少有感触。但是随着年龄的增长，时间对我们的价值也愈来愈高。尤其是逢年过节，总有时不我待，“韶华不为少年留”的感慨。

时间如同金钱，愈是懂得利用的人，愈能感觉到它的价值；愈是贫穷的人，愈感觉它的可贵。问题是当我们富有时，往往不知如何利用而任意挥霍，等到了真正需求的时候，却已经所余无几了。

心上的皱纹

随着年龄的增长，每个人都会生皱纹，只是生的位置不同罢了！有的人喜怒哀乐常显现在外面，脸上就易生皱纹。有些人善于压抑情感，表情变化不多，结果郁气成了垒块，就皱在了心中。

皱在脸上的人容易看起来苍老，皱在心中的人容易里面生病，两者相较，还是前者合于养生之道。

人造花

某日我在街上买了一束人造花，鲜艳的花朵、舒卷的叶片、袅娜的枝茎，放在案上，使单调的书桌平添了几分颜色，非常漂亮。但是过了不久，虽然它的花色依旧，却引不起我的注意了，因为我总觉得它比真实的花少一分感触。

“人造花啊！你不用我浇水，不用我修剪，而且花色常新，应该比自然花完美得多，不过大概也正是因为你不用照料，使我对你少一分情感；你不需整理，使我觉得少一分变化；更因为你不会凋零，使我对你美的存在，少一分珍贵。对花，对人，这都是一样的啊！”

灵感的入场券

灵感是一张入场券，适时地把握，它可以领你进入广大的殿堂，欣赏一台精彩的戏，聆听几首优美的歌，或是巡礼一个最够水准的展览。但是如果不能适时把握，就可能只欣赏到一半，或者根本无法入场，即使进去了也已经是曲终人散。

切割水仙

过年的时候，许多人家喜欢养盆水仙花放在屋里。养水仙有一种切割鳞球的方法，经过切割的水仙，叶子不会太长而花却开得饱满。不像没有切过的往往叶子长得太高，吸收了过多的养分，而无法开花。

教育不也是如此吗？在我们受教育的时候，常遭到师长的责罚，但是这正足以收敛我们的娇气，约束我们的心，以达到更高的成就。

艺术的眼睛

当美国宇航员将要登陆月球的时候，曾有人预测这个被人们歌颂了数千年的月亮，就将要失去它的朦胧与神秘，而变成了艺术领域的陈迹。但是时至今日，人类已经又几度登上月球，我们依然吟着“秦时明月汉时关”，想那琼楼玉宇高处不胜寒，月的阴晴圆缺也仍然引起我们的感触。

由此可知，艺术的眼睛毕竟与实用有一段距离。科学再昌明，信仰依然存在；现实环境再美好，仍然比不上我们心中所创造的世界。

阳光与年龄

有一天当我去上班的时候，正是艳阳高照，于是我躲在屋檐的阴影下等车，这时候邻居王老先生正由街心走来，并且隔着老远就对我喊："年纪轻轻的为什么要站在阴影里呢？你要知道年轻跟年老的区别，就在于前者经常走在阳光里。我尚且不畏骄阳，你又为什么要瑟缩在屋檐下呢？"

真没想到阳光也能考验年龄，那是一句寓意多么深刻的话啊！

把握生命

三岛由纪夫和川端康成都是日本著名的作家，但是却先后自杀了，一个是切腹，一个是含煤气管。许多心理学家分析，他们的死，可能是唯恐自己的身体及创作能力衰退，而企图在生命的巅峰陨落，以留给世人最美的印象。其实一个伟大的人，除了要有创造喜剧的魄力，也当有接受悲剧的勇气，因为这正表现他对生命的了解。如同一位神箭手清楚地知道，不论自己射出的箭有多远，终会落在地上一般。

跑得动时做选手，跑不动时做教练，连教也教不动时则做思想家，直到无法思考的死亡为止，这就是把握生命的方法。

舞剑与戏水

怀素曾因夜闻嘉陵江水声而草书更佳，张旭曾见公主担夫争路而笔势愈壮，吴道子曾看裴旻舞剑而作成《天宫寺》的巨作，王羲之更因见鹅戏水而悟出书法之道。

只要我们细心观察、体味，就能由许多平凡的事物中，悟出很深的道理。

竹简与影片

同样是书，很早以前的人刻写在竹简上，后来的人印刷在纸张上，最新的方法则已经使用照相原理，将书拍成缩影的软片。所以同样是“学富五年”，五车竹筒恐怕还写不下一部长篇小说，五车书本也不过容下数万本，五车缩影软片却能装下几十个图书馆。

随着时代的进步，我们所要接受的知识，何止千百倍于古人哪！

自然与人工

人是在大自然中孕育的，也是最能改造大自然的动物。所以在人类的情感中既有一种与生俱来的大自然爱，又有一种对人文艺术的亲和感。

所以同样是鱼，有的人爱吃生鱼片，有的人喜欢糖醋鱼。同样是虾，有的人欣赏活跳枪虾，有的人却要豌豆炒虾仁。同样是游览，有的人喜欢庭园布置、楼台水榭，有的人却偏爱原始森林、青峰浮云。

生命的钟表

我想许多人都会有一种感觉，就是每当出差旅行的时候，一天的时间似乎变得特别长，甚至相当于平日的好几倍。这是因为在那一天当中经历的变化特别大，早上还在中国台湾，晚上可能就到了韩国；早上还是车水马龙、熙来攘往的城市，晚上就可能是虫声唧唧、满眼烟岚的深山。

所以充实生活就是延长生命，时间的钟表固然是分分秒秒，生命的钟表却是点点滴滴。

气势取胜

我曾经读过一篇真实的报道："有位飞行员，单独驾驶飞机载运一头老虎。升空之后，他突然发现老虎溜出笼子，向他逼近。这时飞行员知道自己无路可逃，只能强作镇定，瞪着老虎，老虎竟不敢再向前走，而退回笼子，飞行员化险为夷。"据心理学家研究，动物们常能敏锐地感觉到其他动物的情绪。当对方畏缩时，它就气焰高涨地攻击；对方强硬时，它反倒会觉得惹不起，知难而退。

由此可知，我们在面临强敌时，即使实力不足，也当在气势上取胜，如果士气先败，实力再强也难有发挥。

剧终

人生就像是一场戏，落幕之后，我们重新走到舞台上，虽然台下的观众已经离开，台上的灯光也不再辉煌，但是当我们回想起演出的时刻，曾经获得的满场观众的掌声与赞叹，在剧终人散的凄凉中，总夹杂着一份满足的欣喜。

人生就是如此，没有几人会在掌声如雷的巅峰时代，骤然而逝。但是能在沉寂的老年，回忆光彩的过去，何尝没有一分苦涩的美感？

冲刺

在运动会上我们常可以看到，许多参加赛跑的选手，在终点冲刺的一刹那，突然跳起以求比别人快些。但是据专家研究，跳起来的人反而比继续跑到终点的人速度要慢。

在人生的战场上，许多人为了抢在前面，常放弃了平实的奋斗，而企图一蹴成功，岂知不但不能快，反而比别人落后了一大步。

投稿

曾在报纸上投稿的人都有经验，当稿子投进邮筒，也就投下了一片希望。每天清早急着找报纸，看看文章有没有被发表。如果找不到，也许十分怅惘，但是接着又对第二天的报纸充满了希望，猜想明天会登出来。

如果人生像是写作，我们就该不断地投稿，不论今天遭遇何种挫折，总要对明天充满着希望。

报岁兰

某年冬天，朋友送我一盆报岁兰，放在案上，真是馨香满室。但是不久之后，花期过了，只剩下单调的叶片，我则将之移至墙角，与其他的盆栽并列着，按时浇水施肥。

一年匆匆地过去，并列的盆栽一棵接着一棵盛放，只有那报岁兰，平凡得如同一棵大草。但是就在我几乎已经完全对它失去兴趣的时候，某日早晨，它竟然带给我万分的惊喜——又掬上了一沁馨香。

兴高采烈地将它放在案上，我对报岁兰说:“怀才不遇的人哪！只要你秉持志节，默默充实，是不会被埋没的。”

而那报岁兰也似乎对我笑着:“求才若渴的人哪！对于那怀才而少表现者，只要你充满信心地继续照顾，总会见到他发挥的一天。”

满眼荷花

我曾经访问一位擅长画荷的艺术家，怎样把荷花画得那么生动。

他说:“画荷花不一定要整天拿着笔在池边写生，而应该静坐在荷池旁欣赏。看风中的荷、雨中的荷，春天的新荷、夏天的盛荷、秋天的老荷、冬天的残荷。久而久之你已经不知什么是我、什么是荷，而融入其中。摊开纸，自然满眼荷花，四季的烟雨一齐涌上，还怕画不生动吗？”

风筝

有一天我到孙中山纪念馆，出来的时候，看见许多孩子在广场放风筝，花花绿绿的非常美丽。当时我问一个放风筝的孩子："放风筝有什么诀窍？"

"很简单！"孩子回答，"起初最费力，需要跑得快，风筝才会起飞。飞在半空中则必须随时注意风的变化，以免它突然栽下来。至于再往高飞，固然快而且稳，但是不能一味求远，否则线一断，就什么也没有了！"

人生不也是如此吗？青年时奋斗创业，中年时力求稳健，老年时节制平和。

可以居

国画大师张大千，生前曾在美国加州卡穆尔有一间画室，名叫"可以居"。"可以居"这三个字出于中国画论："可以观、可以游、可以居。"意思是说：当我们初看一幅画时，常常只能客观地欣赏，然后将自己投入画中，就可以四处游览；至于自我完全融入之后，则甚至可以居住在画里了。

面对一张好画，如果我们都能由"可以观"，而后"可以游"，最后"可以居"，也就能够达到欣赏的极高境界了。

买书

我想许多人都有一种感觉，就是虽然因为工作或事业的忙碌，而没有时间看课外书籍，但是每次逛书店，看到好书总是想买，而这正显示我们仍然有着追求知识的冲动。

人生也是如此，我们可以没有时间去享受生活，却不能失去对生活情趣的追求，因为这也正显示着我们对生命充满着希望。

空灵

提到国画，许多人都会想起“空灵”，认为空处必灵，灵处必空：其实这是不对的。因为所有的空白，都必须靠实体的衬托与暗示才能产生。譬如在一张白纸上画一条船，空白处就变成了水；上面画一些山头，下面空白处则成为云。若没有这些山与船的衬托，云和水是不会产生的。

同样的道理，我们对于许多抽象事物的追求，都当由具体的东西开始。绝不可一味创造空洞的理想，而不拟定达到理想的计划。

今是而昨非

常听一些艺术界的朋友讲，回顾自己某一年的作品，实在可笑，如果把那些时间用来从事这一阶段形式的创作该多好，但是如果再过两年他又会讲同样的话来否定现在了。似乎今天永远是对的，过去必然是错的。而不想想若不经过上一个阶段，他又怎么达到现在的地步呢？

我们固然可以“觉今是而昨非”，但不能因此否定昨天。固然可以说米开朗基罗、董源、王维、李白不合时代，却不能否定他们的价值。不了解传统而一味想打破传统的人，是注定要失败的。

四个三十不等于一百二

有一位名企业家对我说，他过去总觉得时间不够用，每天往往要到深夜，才能把事情办完。但是自从学会了早起以后，用较短的时间却能办更多的事。原因是他过去每天九点上班，一边办事一边有电话的干扰，时间是被分割的，思虑也常被打断。而他现在每天七点就到办公室，至九点这两个钟头之间，非常安静而头脑清醒，办事的效率远超从前。

最后他得出一个结论：对于时间效用来讲，四个被打断的三十分钟，绝不等于连续的两个钟头。

马一角，夏半边

绘画史里有所谓“马一角，夏半边”。马一角是指马远，夏半边是说夏圭，因为他们在作画时构图喜欢偏重于一角，让另一边空白而得名。近代北宗大师溥心畬，也常有些作品，像是欲言又止，而被评为“剩山残水”，但是许多人反而觉得更有味道。

艺术不同于科学，把许多事情说完，反倒不如点到为止，让观者存其心，自己想象来得境界深远，所以张彦远也说：“以形似之外求其画，此难与俗人道也。”

咖啡与牛奶

我曾经看过一篇医学研究报告，有二十个人被分为两组，一组睡前喝浓咖啡，另一组喝牛奶，但奶里面放了比前一组多好几倍的咖啡精，然后叫他们去睡觉。结果喝咖啡的人多半睡不着，喝牛奶的人却很快就进入梦乡。

由此可知，我们许多时候表现得失常，都是由于心理的因素。所以愈是怕发生的事，愈容易发生；睡觉之前即唯恐失眠的人，八成就要失眠了！

得一善则拳拳服膺

据心理学家研究，晚上睡觉之前背书，要比一大早读效果好。原因是：早上虽然头脑清醒，背书容易，但是跟着就有许多纷杂的人事，所以背起来的东西，很可能到中午便遗忘了一大半。而睡前所念的书，因为接着就是睡眠而没有其他的事打扰，所以容易植根在脑海。

同样的道理，当我们辛苦获得一样东西之后，应该谨慎涵养、发扬光大，而不要急于展示，被流俗所染。这也就是《中庸》所记“得一善，则拳拳服膺，而弗失之”的道理了！

大象与鹭鸶

知名画家林玉山先生说过，他曾经看到一头大象用鼻子拔草吃，但是拔起来并不是立刻放进嘴里，而是不断地在腿上拍打，等到草根上的泥土都掉光了，才吃下去。又有一次他见到母鹭鸶喂小鹭鸶吃鱼，不慎鱼落在地上，母鹭鸶把小鱼衔起来，并不继续喂，而是走到水边，将鱼放在水里洗干净，再衔回去。

如果我们对于每一种动物的生活都能深入观察，就会发现它们许多天赋的智慧与慈爱，跟人类是一样的。

学讲话

有一位儿童心理学家对我说，近年来的幼儿，学讲话似乎都比较慢。主要是因为父母上班，或者把孩子交给托儿所带，孩子疏于照顾，学习的机会少；或者是交给年老的长辈带，长辈们讲话太多而且复杂，孩子也不容易学习。

教育的道理就是如此：我们既不可以少教，使得学生没有东西学，更不能教得太多，混淆了学生的思考。能够适时而教，适可而止，不填塞、不躐等[1]，才能收到教育的宏效。

天下文章一大抄

我们常说“天下文章一大抄”，而看前人的句子确实有许多是抄袭而来，甚至一些千古名句也不例外。譬如宋代林逋的“疏影横斜水清浅，暗香浮动月黄昏”是来自五代南唐江为的“竹影横斜水清浅，桂香浮动月黄昏”，不过

[1] 躐等，超越等级也。《礼记 · 学记》：“幼者听而弗问，学不躐等也。”

经林逋改动两个字，使写景太显明、不够耐人寻味的“竹影”“桂香”，变为意象朦胧的“疏影”“暗香”，就成了不朽之作。

由此可知：不论诗文书画，临摹前人是可以的。只要不泥古，而能另为手眼、自辟蹊径、自创新词，即使有一笔一画能超越前人，也就是创作了！

头发

我们在梳头的时候，常会惊讶自己掉了那么多头发，而唯恐头发掉光，但是过了很久头发依然是那么多。这是因为看得到的头发在掉，不容易见到的头发也同时在生长。

一样的道理，我们对于许多事物往往只注意到那些明显可见的生长，却忽略了潜在蕴发的一切。

射箭

我曾经拜访一位神箭手，问他学习射箭的心得。他说初学射箭时，一心注意身体的姿势、拉弓的动作，箭绝对射不准。再进一步则心里只想着怎样瞄准，也不容易射中，至于最高的境界，身体的姿态、拉弓与瞄准根本就不需要思考，而当自己的心与箭靶完全结合时，靶似乎变得特别大，也就能百发百中了。

所以我下了一个结论：射箭同于任何艺术，当技巧需要经过思考时，那只是普通的技巧；唯有技巧成为一种心灵的感应，才能神乎其技。

书法与做人

书法是我国的传统艺术，它能够表现我们的个性情感，更可以锻炼“定静”的功夫。学习书法最重要的是选帖，字帖选不好，毛病养成就难改了，所以即使是小学生练字也不能马虎。

选帖不但要求清楚，更当注意字的体势。有的字结构虽好，但毫无力量，最能令人甜俗；有些字劲拔有力，但过于夸张，最易使人刻板。真正的好字，应该是刚柔并济、敦厚含蓄的。

为人不也是如此吗？

武侠小说

我有一位朋友，很爱看武侠小说，不过他对我说他看书要选择，其中有三不看：主角不英俊不看，没有食灵芝仙草或得异人传授不看，结局悲惨不看。这当然有他选择的权利，但是假使谈到人生就不能如此了。

我们不应该只要求好的天赋，或一心希望神奇的机遇，更不可以因为畏惧明天的危险，而停止今天的奋斗。

改变

当我们注视钟表的短针时，很难发现它的移动，但是一天当中它竟然转了两圈。当我们注视一棵树的时候，很难看出它的消长，但是春天抽出了新绿，秋天却凋零了黄叶。当我们注视一个人的时候，很不容易看出表面的改变，但是孩子们长高了，青年人也逐渐添了皱纹。

时间在每一瞬飞逝，万物在每一秒改变，人更在每一刻走向老年，只是我们毫无知觉罢了！

取法乎中，进而求上

据我教学的经验，有时学生看名家大师的作品，反不如观摩高年级同学的好作品获益得多。因为有些名作境界太高，与初学者程度相差太远；瞻之在前，忽焉在后，不知如何取法，倒是看程度相近的作品，参酌比较，颇有所得。所以就教学的道理讲，我们固然可以说“取法乎上，仅得乎中；取法乎中，仅得乎下”，但就求学的过程而言却应该是“取法乎下，进而求中；取法乎中，进而求上”。

书法与篮球

有一位外国的篮球明星跟我一起看书法展，出来之后我问他感想。他说虽然看不懂书法的内容，却觉得很像打篮球。因为有些线条沉郁厚重、蓄势待发，如同运球；有些笔画，回转相连、前后呼应，如同传球；有些草书，运笔快速、龙飞凤舞，如同投球。书法的三昧，居然被他参入了篮球之中。可知天下事，固然种类有异，道理却常是相同的。

鞋子

有一天我去逛鞋店，发现凡是样式入时、颜色鲜明，并且高跟的男鞋，价钱都较低，反而那些形色普通的矮跟皮鞋标价都不便宜，就问鞋店老板原因。

“前者是卖给年轻小伙子穿的，他们不求舒服也不问材料，只要求时髦，所以东西差容易坏，标价也低。至于后者是卖给中年人的，买主只求适体，不求耀眼，所以形式不特殊，但材料好，价钱贵。”老板回答。

年轻与老成，这本质上的差异有多么大啊！

评论与论断

有一句话是这么说的:“你们不要论断人,免得你们被论断。”就因此,有人误以为凡是评论即是论断,以致对任何事情都缄口不言。岂知论断的意思在此是武断、攻讦,而不是理智地分析、公开地评论。

评论是使人类文化进步的一项重要方法,它使我们提出个人的见解,也采纳别人的建议,更使我们深一步地检讨,推翻陈旧的形式。所以就评论而言,应该是:“客观地批评,也接受他人的评论。”

吃饭与穿衣

我们吃饭时,常常已经吃饱但碗里仍有饭,为了怕倒掉浪费,而勉强吃下去。但是当我们做衣服的时候,经常有剩下来的布,却很少为此而把衣服加大。

其实吃饭跟穿衣是一样的,穿衣但求适体,吃饭为求营养;衣服不合适会难看,吃饭硬撑也伤身。所以“一粥一饭,当思来处不易;半丝半缕,恒念物力维艰”,是劝我们要有计划、量入为出,而非做不合宜的补救。

仙人掌

我前些时候买了一棵仙人掌，上面正结着一个小蓓蕾，为了它早日盛开，我真可以说是悉心照顾、早晚浇水。但是过了一个月，花不但没有开，蓓蕾也凋萎了。伤心之余，我看仙人掌本身没有什么异样，想着或许它会再开花，所以仍然按时浇灌，直到有一天仙人掌的茎突然倒下，才发现它由根部腐烂，早已死去多时了。而腐烂的原因，却是因为我浇了太多水。

对于许多事物，我们常巴望早日成功，而给予过度的照料，结果产生了反效果还不自知，等到发觉的时候，却已经无法挽回了，为人父母师长者，能不引为警惕吗？

石膏像

当我在师大美术系做学生的时候，教室里摆了许多石膏像，因为疏于照顾，上面落了许多灰尘，但灰尘是渐渐落上去的，所以石膏像看起来还是很白。直到某日工友用鸡毛掸子一掸，大家才惊讶地发现掸过的地方要比其他地方白得多。而后有同学用橡皮擦了一下，擦过的地方居然比掸过的地方还要白。

为人也是如此，当不良习性渐渐养成的时候，我们是无所感觉的，甚至彼此看来都还跟过去一样。只有当某一天回顾原来的“真我”时，才发现已经相差得太远，而且愈是比较，愈是心惊！

教书的法宝

当我在中国台湾教书的时候，有一位同事对我说，他控制学生有两样法宝，一个是每堂点名，一个是监考严格。因为每次点名，所以学生不敢溜课；因为监考严格，所以没有学生胆敢作弊。但是另外一位同事也提到他教书的心得，他说因为经常为学生复习，加深记忆，所以学生考试用不着作弊；因为他充实教学内容，引发学生兴趣，学生认为不听课是一种损失，所以总是座无虚席。

以上两者效果似乎相同，做法上却是迥异其趣了。

气静神凝

我小时候看过一则故事：有个人拜师学射箭，但是师傅除了起初教他张弓、瞄准这些基本功夫外，后来只是在门上用线悬了一个铜钱，天天叫他站在远处盯着铜钱看。许多学生都因为耐不住而离去了，只有他依然遵照师傅的话去做，久而久之他觉得铜钱似乎一天比一天大，后来居然变得如他身体一样。这时师傅把弓箭交给他去射，“当”的一声，他才惊讶于射出的那支箭，已经穿过了铜钱。

这个故事所启示的是：当我们学习时，最大的阻碍往往是精神不集中，唯有达到气静神凝的境界，才能神乎其技，也才能参透最上的禅机。

音乐

我有一位朋友每次看书的时候，都要听音乐，但是如果问他音乐的内容，却说因为看书专心，根本就毫无感觉。我问那又何必要听呢？他说这是为了保持宁静，因为音乐的旋律是柔美的，可以掩盖周遭不和谐的杂音，使自己更容易专心念书。

人生不也是如此吗？在这个错乱喧闹的环境里，如果我们都能拥有一件使身心平和的事，也就可以排除外界的干扰了。

逼出来的学问

我曾经拜访一位著名的作家，问他从事文艺创作的经过。他说起学生时代，一次偶然的机会出任校刊编辑，虽然那时他的文章并不比别人好，但是就在编校刊的过程中他不得不看别人的作品，有时文章不够，更逼得自己动笔。久而久之不但培养了自己对写作的兴趣，更锻炼出好的文笔，造就他今天在文艺界的地位。

由这个例子我们知道，许多伟大的事业，是起于偶然的机会；许多伟大的学问，是一步步勉强逼出来的。

无题

当我们看画展的时候，常责怪有些画标上“无题”的名字。其实这并没有错，因为画既然呈现在我们眼前，又何须题目去指引呢？如果他画的是冬天，我们自然会有冬天的感觉；如果他画不出冬天，即使题上冬天的画名，也没有用。

同样的道理，我们做许多事情，是不必向别人说明的，实质上的建立，远比徒具虚名来得有用。

自然与形式

文学与绘画是相通的，而它们的变化也有类似之处，譬如《诗经》比较自由，但是经过“骚赋”“五七言古诗”到“律诗”就极端形式化了。再由诗而词而曲，到民国以来的“新诗”，却又逐渐恢复自由。绘画发展也是这样，如果我们拿现代画家与原始民族的作品比较，二者常有相似的地方，但是唐代的“金碧山水”却很形式化。两者都是由自然而形式，又回归自然。这是因为过于自然常缺乏创意，过于形式又失之刻板。艺术是以各种方法描写自然，所以总在这两者之间参酌变化。

三、六、九

我有一位画国画的朋友，外号叫“三六九”。因为他如果以三个小时绘画，就得用六个小时作诗，再加上九个小时去欣赏。他的理由是：用六个小时作诗是为了得到画的精髓，能含不尽之意见于言外，否则把画上的东西再说一遍，就显得毫无意义。至于用九个小时去欣赏，是为了深入检讨，否则下一张作品不可能有大的进步。

我想如果我们从事任何创作，都能有他这种“三六九”的精神，是绝对能够成功的。

文学的寓言

我曾经看过一则文学的寓言，当混沌初开的时候，世界上只有四种人，也就是诗人、哲学家、科学家和商人。诗人感叹地说:“这个世界真是太美了！”哲学家讲:“上帝为什么要创造这个世界呢？”科学家想:“这个世界到底是怎么造的？”商人则说:“我真希望能拥有这一切。”

接着诗人作了一首诗，哲学家看了讲:“我终于知道上帝为什么要创造万物了！”科学家看了说:“这真是一首结构严谨的作品！”商人则高兴地讲:“这首诗如果印成书出版该多好！”

由这个故事可以知道：同一件事给予每个人的感觉是大不相同的，而人类的文化不就是靠着他们的创造、思想、分析、推展而日益进步吗？

当局者迷

当我们画素描的时候，常面对石膏像几个钟头也画不正确，但是此刻如果到外面活动一下，聊聊天，走动走动，然后回来再画，却可能一眼就发现原来的错误。这是因为当我们与一件事物接触太久之后，常会流于主观的固执，就如同我们常见不到自己亲人的错误一样。

只有换个角度，做疏离的反省，才能很快发现问题的症结。这也就是“当局者迷，旁观者清”的道理了。

动如脱兔，静若处子

中国画论中有所谓“未动笔前，要兴高意远；已动笔后，要气静神凝”。自从加入新闻工作，我深深感觉这两句话也很适用于记者。因为采访的时候必须要活跃快速，否则就抢不到新闻；至于回来写稿，则要安静地整理，否则就找不到头绪。

我想其他的职业也当是如此，在这个既要行动快速，又得思想冷静的时代，谁能做到“动如脱兔，静若处子”，谁就是成功者。

写生

当我带学生到公园写生的时候，常有人围观，我发现虽然在教室里程度差不多，但写生时怕人看的学生，总是急于表现，多半画不好。至于根本不理会四周，而按照自己计划慢慢描绘的学生，则表现都不差。

同样的道理，在这个人与人接触频繁的时代，我们固然有时要毛遂自荐，但是不能汲汲营营为求表现，而失了步骤。凡急着在小处获利的人，多半不能成大的事业。

东西画风

如果在以前有一群画家郊游，我们常很容易就能看出哪些是国画家，哪些是西画家。因为国画家常是纵目四顾，记丘壑于胸中，回去再加以整理；西画家则常是把握瞬间的光影，就地取材，当场写生。

但是现在画家们如果在一起，我们就不大容易分辨出来了，因为国画家日渐重视写生，而不愿落入古人的窠臼。西画家则力求更多的感性，而不愿跟照相机比写实的功夫。大概东西画风渐渐会通，也由此可见一斑吧！

美与艺术

许多人认为所谓美就是艺术，其实是不对的，因为艺术的东西都美，美的东西却不一定艺术。譬如一盆插花可以很艺术，但是个别的花只能称得上美。油画很艺术，但是画油画的颜料却并不艺术。

所以艺术有个必要条件，就是经由人再创造的。那些不用思考、情感，只想把自然物再现的人，不可能成为伟大的艺术家。

黑纸眼镜

眼科刚开完刀的病人，医生常会给他们戴一种挖有两个小洞的黑纸眼镜。原因是这样的话病人必须由小洞向外看东西，眼睛不会转动，反而比把脸蒙上，病人合着眼皮转动目珠，对伤口恢复更有好处。

同样的道理，当我们心神不宁的时刻，找一件引发兴趣的事去做，要比枯坐在屋里，更能够产生安定的作用。

空前与绝后

当我们读历史，看到燧人氏钻木取火，有巢氏构木为屋的时候，常觉得很好笑。因为对我们来讲，那只是最肤浅的发现罢了。但是如果亿万年之后，谁敢说那时的人类看爱迪生，不会像我们对燧人氏、有巢氏一般呢？

世界上只可能有空前，不可能有绝后的事。就因为能空前，所以我们可以超越古人；就因为无绝后，所以未来比现在更进步。像燧人氏、有巢氏在当时能有空前的发现，也就具有他不可磨灭的历史价值了！

劳者多能

我们常说“能者多劳”，其实也可以讲“劳者多能”。“能者多劳”是形容有能力者，需要他的人多，所以劳碌，也就是“聪明才力大者，服千万人之务”。“劳者多能”是说劳碌的人因为做事经验丰富，所以多能，也就是：“世事洞明皆学问，人情练达即文章。”

就因为能者多劳，又劳者多能，所以能者愈能；就因为愚者多怠，而久怠则愚，故愚者愈愚。能愚之别，肯不肯“劳”实在是一个重要的关键。

游泳

我有一位朋友最近刚学会游泳，我问他有什么心得，他说：“当我全身放松，水就把我托起来；当我一紧张，它则使我沉下去；我发现放松自己，竟是那么困难的事。”

人生不也是如此吗？许多事情如果我们心平气和、泰然处之，常能很容易地解决。倒是斤斤计较、战战兢兢，容易导致失败。如同游泳一样，“放松”应该是我们学习任何事的第一步。

灯火阑珊处

当我在教书的时候，经常问学生有没有去过外双溪的台北故宫博物院，而每次都令我惊讶的是，由南部来的学生多半都去过，一直住在台北的却有许多根本不曾去过。原因是南部来的学生，以前因为住得远，总向往着故宫，所以一到台北就赶去参观；北部的学生，因为故宫离家不远，心想什么时候都可以去，所以拖上好几年也没去过一趟。

毕加索曾对张大千说："我奇怪有那么多中国人到巴黎来学艺术，真正的艺术应该在中国。"人们总是如此，愈是容易获得的东西，愈容易忽略它的价值，所以当我们艳羡别人瓶花的时候，应该先想想自己屋后美丽的庭园。这也就是王国维所说"众里寻他千百度，蓦然回首，那人却在，灯火阑珊处"的境界了。

为文与开山

写文章就如同开山路，起初是披荆斩棘，一词一句细细地推敲。既而开出来一条小路，也是坎坎坷坷、佶屈聱牙[1]、

[1] 佶屈聱牙，言文辞艰涩，不易诵读也。

险怪奇丽。只有到了真积力久，才能成为坦荡大道，平实宽广、敦厚含蓄。

学脚踏车

我们在学脚踏车的时候，经常找一个人在后面扶，有时候扶的人放了手，我们不知道，就依然平稳地向前进。但是如果突然发现后面已经没有人，则往往乱了方向，摔倒在地。

在教育的过程中，师长就如同后面扶助的人，应该在适当的时刻放手，让子弟学习独立。另一方面，为学也就好比骑脚踏车，当师长不在我们的身边时，面对眼前的一切我们必须镇定冷静掌稳龙头。

诗比历史更真实

诗人们常说："诗比历史更真实。"我想这句话的意思，应该是诗更逼近于人的心灵与情感。所以英国著名艺评家罗斯金曾说："莎士比亚的戏剧之所以完美，是因为他描写不变的人间性。"不论是哈姆雷特的犹豫、奥赛罗的怀疑，或是李尔王的固执，虽然年代久远，仍然可以在我们身边的人群中见到，也给予我们一种现代的真实感。

艺术、音乐、文学不都是如此吗？今古人相隔千百年，通过作品，仍然是心有灵犀一点通的。

读书的气氛

我有一个学生，每天都要走很远的路到图书馆念书，我问他是不是家里太吵，他说只有一个人。我问他是不是要借参考书，他说自己都有。我说那又为什么要老远去图书馆呢，他说因为家里没有人，就容易打瞌睡，在图书馆里大家都念书，自然不敢不振作。

由此可知，读书的环境、气氛有时更重于安静。

潜能

常听人说："不平凡的人，都有不平凡的遭遇。"其实我们更该讲："不平凡的遭遇，常能造就不平凡的人。"

岩石间的树根，总是长得特别苍劲；沙漠里的种子，常能在偶然有水时快速萌发；极带的苔藓，可以经历长期的干寒，而依然存活。生物既然被环境哺育，就当然受环境的塑造，只是一般动植物，唯有在适应的机能上被锻炼得更坚强，人类却能在精神、意志上，被塑造得更伟大，这也就是"草木不经霜雪，则生意不固；吾人不经忧患，则德慧不成”的道理了。

独立思考

我每次逛书店，看到近年出版业发达，著作丰富，总感慨现在学生的福气，有那么多好书可看，而不必辛苦地自己动手找原始资料。但是在教书时，又叹息现在学生的思考和创造能力，似乎并不比以前的人强。究其原因，只为如今的好作品太多，学生们直接采用别人现成的说法，而疏于独立的思考。知识愈容易得到，愈不去重视，既觉得满足，又再难有进步了。

禽鸟无欺

一位欧游归来的朋友对我说，有一次她在伦敦的公园里，看见许多人拿着食物喂鸽子，也就装作手里有食物的模样，引诱鸽子过来，但是被旁边一位老太太看见，就责问她为什么要骗小动物。

我们常说“童叟无欺”，更将“曾子杀猪”[1]的故事传

[1] 出于战国韩非子《曾子杀彘》，文意是曾子之妻到街上去，孩子跟在后面哭。母亲就说：“快回去，等会儿给你杀猪吃。”曾子之妻由街上回来后，曾子果然对孩子守信，把猪杀了。

为美谈，但是那位英国老太太能“禽鸟无欺”，似乎又进了一层。

画展

我有一位艺术界的朋友，经常开画展，我问他开画展有什么好处，他说最大的收获，在于平常很少把自己的作品加以比较，即使偶尔拿出来排列着欣赏，也不过几张而已。但是开画展时，有数十张作品放在眼前，可以很明显地看出自己画风的变化与缺点，而加以改进。

为学做人不都是如此吗？对于过去的事情我们很少拿来思考，即使有，也常专对一两件事，不容易有大的发现。唯其当我们做通盘的检讨时，才能明显看出自己的过失。

气温与学问

风大的时候不一定凉，无风的时候也不一定热，最重要的是气温。

能说善道的人不一定渊博，沉默寡言的人也不一定贫乏，最重要的是学问。

旧书

有一位老教授，学问非常好，深受同学们的敬重。但是有一天，大家到他家去玩，发现教授书架上的书并不是很多，就问教授："难道您只读了这些书，就能成那么大的学问吗？"老教授笑了笑，从书架上拿下一本书说："我跟你们唯一不同的是，你们的书往往前面翻得很旧，后面却是新的。而我的书则是愈到后面翻得愈破。"

这句话听来简单，实则意义深重。也就是说，一般学生读书往往缺乏恒心，以致虎头蛇尾，老教授却能向深处钻研，所以有丰富的收获。

理想与堕落

我有一位朋友，拥有令人羡慕的职业和相当高的收入，但是他在办公室里却显得很孤独。我问他为什么，他说因为同事们月月领取高薪，生活富裕满足，每天下班多半成群结队地出去玩，但是他常在家看书写作，所以不容易打入同事们的圈子。

我固然不能说他的这种做法绝对正确，却不得不同意他所讲的一句话："人若没有更高的理想，便容易在现实中堕落。”

发挥潜能

失明者常富于音乐才能，失聪者常具有美术天赋，因为他们有着失明失聪的缺陷，却在另一方面发挥潜能，产生了补偿的作用。所以有些人在健全时对音乐美术毫无天赋，但是不幸失明或失聪后，却发现自己具有强烈的音感和艺术表达力。

由此可知：我们天生就有许多才能，只是在迫不得已时才去发掘，所以很难显现。假使我们能如盲者对音乐，聋者对形色般地专注，自然能有惊人的表现。

宁为牛后，无为鸡口

我们常说“宁为鸡口，无为牛后”，其实这句话不一定对。天外有天，人外有人，我们随时都可以为鸡口，也随时能成牛后。有时正因为做牛后，才激发我们的进取心。常为鸡首反倒容易自满，而消磨了志气。

为了追求更高的境界，为了学习被领导，我们应该说：“宁为牛后，无为鸡口。”

盲与聋

许多人都会想，如果聋子跟失明者在一起，应该是最好的了，因为失聪者听不到，失明者看不见，两人在一块则可以彼此弥补。但是事实却大相径庭：据聋哑学校的老师说，失明者跟失聪者在一起的情况，几乎没有。因为失聪者多半都哑，看到了却说不出，失明者听到了说出来，失聪者又听不见，两者在一起，彼此毫无帮助。

由此可知，许多我们表面看来可以两全其美的事，真正做起来，却可能与理想相差甚远。

眼观鼻，鼻观心

我们学写字的时候，常听人说要“眼观鼻，鼻观心”，又讲“执笔要手中能握蛋，且握笔要有力，别人由后面乘其不备抽笔也抽不掉”，其实这几句话的意思并不只是停留在表面，而是有所比喻。“眼观鼻，鼻观心”是说要“气静神凝”。“手中握蛋”是讲手指要灵活运动，不可死死握拳。至于抓笔有力，则是指要力贯笔尖，锋透纸背。如果只照表面的意思去做，非但不可能写好字，只怕还会变成斗鸡眼和僵硬的功夫架子呢！

庸人自扰

有一位客机的驾驶员对我说："在我们看来，你们这些乘客真是最妙的了。有时飞机毫无问题，只是碰到一些坏气流，你们就紧张得要死；有时飞机发生故障，驾驶员急得满身冷汗，你们却在后面嘻嘻哈哈，悠然自得。"

在许多团体当中不也是如此吗？有时天下太平，却有庸人自扰，造谣生事；有时真正遭遇了危险，许多人反倒毫无所感，泰然处之。不过也正因为庸人自扰时没有实在的困难，所以团体不受影响；真正在危急关头，下位的人又能若无其事，使得领导者可以专心应付，渡过难关。

生命的价值

西洋后期印象派大师凡·高的画，我想许多人都看过了。他那黄色炽热的色彩和充满律动的线条，给予我们强烈的感受。凡·高有着坎坷的境遇，虽然二十七岁才正式走上画家的道路，三十七岁就过世了，但是仅仅十年间却留给我们许多不朽的作品，在艺术上的成就，较之活了九十多岁的毕加索并不逊色。

由此可知，生命的价值不在于长短，而在于那段时间中所建立的一切，这也就是王勃、李贺，享年不过三十岁，却能扬名千古的道理了。

釜底抽薪

小学课本里曾经有两则故事，都是众所熟知的。一个是讲司马光小时候跟许多孩子在花园里玩，园子里有个盛满水的大缸，其中一个孩子不小心掉下去了，别的孩子都吓得跑开，只有司马光赶快拿起一块石头把缸砸破，救出了那个掉在缸里的小孩。另一则故事是父亲把苹果放在地毯中间，问孩子们谁能不用东西够，又不踏到地毯，而拿到苹果。多数的孩子都徒劳无功地想尽办法伸手去拿，只有一个最聪明的，走过去把地毯卷起来，取得了苹果。

由这两个故事，我们可以得到启示：做许多事情，如果我们只注意目的，而不想过程，只会扬汤止沸，而不知釜底抽薪，则终归失败。唯有能洞观事理，从根本着手，打破溺我之缸，翻卷阻我之毯，才能冲破险阻，获得最后的成功。

只能错一次

每个人都会掉牙齿。在我们童年的时候，乳齿掉了，父母会安慰我们说：“还会长出来的。”但是到成年，再掉牙齿，就只好配假的了。

许多事情做错还能挽回，但是挽回后再失去，就永远无法恢复了。

塑制与雕刻

有一次我参观水晶玻璃工厂，看见工人用金刚砂轮，一条条刻磨着花纹，就奇怪地问为什么不在制模型时一并塑造，而费这么大的力气。

“我们早就想到了，但是先用模型塑造的花纹，总比不上后来一条条切磨出的光彩。”工人口答。

做学问不也是如此吗？学校里塑造的，常不如进入社会中历练所获得的深刻。

吴道子与李思训

吴道子和李思训都是唐代著名的大画家。据说玄宗有一次命他们两个人同画蜀道风景于大同殿，吴道子画嘉陵江三百多里山水，一天而就。李思训却花了几个月的时间才画完。

许多人看到这则故事，都笑李思训太差，而一心向往吴道子的境界。其实这只是表现方法不同罢了，吴道子固然有才，但如果功力不足，也是徒然；李思训速度虽慢，依然能成千古不朽的作品。所花时间虽不同，价值却是一样的。这也就是李白能“笔落惊风雨，诗成泣鬼神”，杜甫却“借问别来太瘦生，总为从前作诗苦”，而同样享有诗坛最高地位的道理了。

由奢入俭难

夏天到了，许多场所都装有空调，由室外步入空调房间，顿觉浑身舒爽，十分愉快。但是不进入空调房还不觉夏天有多么难挨，如果由空调房中走出，却觉得外面的暑气令人难以忍受。张文节说：“由俭入奢易，由奢入俭难。”不也是一样的道理吗？

树大招风

当台风过后，我们常可以看到高大的树木被连根拔起，所以一到台风季节，有大树的人家就要修剪枝叶，以免树大招风。

为人处世不也是如此吗？我们既不能唯恐招风，还要更上一层楼，就应当时时修剪，涵养柔德，自我检讨。

追求知识的冲动

在教书的过程中我发现，年纪较长的学生，学习和创造的能力非但不比年轻人差，而且常有过之，尤其是那些幼年失学的人，更有卓越的表现。一方面这固然是因为他们特别用功，另一方面是由于他们常具有比年轻人更强的学习冲动。过去苦于不懂的，现在急于了解；过去的抱负，现在急于实现；过去感受到却表达不出的，现在都一股脑儿地涌上了笔端。

所以学习不受年龄的限制，问题是有没有追求知识的冲动。

不良成年

有一位中学的教导主任对我说，大家总是讲如何取缔不良少年，其实更重要的是取缔不良成年，因为不良少年常是由不良成年造成的。桃色文字是不良成年写的，低级场所是不良成年开的，不良少年的父母更是常疏于管教、耽于游乐。

成年人能不以此自惕吗？

现在就做

有个人晚上去拜访一位富翁，请教发财之道，富翁在答复他的问题之前说："让我们先关了灯再谈吧！"

有一个学生去拜望一位教授，希望知道怎样才能获得如教授般的学问，教授半句话也没讲，只是把他正在看的书，交到学生手里。

以上虽然只是两则小故事，却给我们一个深刻的启示，任何事要想成功，最重要的是：

"现在就做。"

信、达、雅

随着科学的进步、交通的发达，为了沟通知识与意念，翻译的工作愈来愈重要。翻译必须合于三个条件，也就是"信""达""雅"。"信"是诚信，"达"是通达，"雅"是典雅。

对原作不信，所翻译的会失真；表现得不达，别人就难以了解；信达而不雅，则不够生灵活泼。三者比较，信最重要，达是其次，雅为第三，翻译如此，为人处世的道理不也一样吗？

考试

我们的留学生在国外多半都能获得相当好的成绩，这固然是因为他们肯用功、水平高，但是据分析，中国的学生从小就经常接受考试，对于考试的状况特别能适应，考场上情绪稳定也是原因。所以即使原本与外国人一样水平的学生，考出来的成绩常高出很多。

国家不也是如此吗？同样的冲击，对于历史短暂、升平已久的国家，很可能造成一片混乱而难以维持。对于久经风霜、历尽兵燹的人民，却能处变不惊，沉着应付。

认定目标

某年夏天，我住在乡间，每天下午四五点钟，总看见一个十岁左右的孩子在门前草地上捕蜻蜓。似乎那是他日常的功课，除了刮大风、下大雨，从不例外。有一天我走过去问他，为什么对捕蜻蜓这样有兴趣？这个小男孩眨着一双大眼睛说："我喜欢蜻蜓，我天天都研究蜻蜓，几十年后我一定能够成为蜻蜓专家，我还要写一篇论文，获得博士学位。"

谁能说他的话不对呢？成为专家、获得博士都不难，只要我们能认定一个目标，有恒心地去做。

赞美与关怀

聪明的领导人都知道，对属下平凡事物的小小赞美与关怀，所获得的效果，常超过大量物质的给予。因为在领导者看来微不足道的小事，下位的人却常视为生活的全部；领导者略略的关怀，属下却能觉得自己被重视；领导者几句话的称赞，更可能成为属下最高的荣誉。

如果你想成为成功的领导者，请不要吝啬你的赞美与关怀。

视与听

视觉与听觉都是我们必不可少的，但是如果不得已而去其一，绝大多数的人都宁愿保留视觉。又据心理学家的研究，一部电影如果没有了声音，人们还能获得七分的感受；如果失去画面，只留下音响，大家就仅能感受三分了。捷克更有一句谚语："买东西的秘诀是多用眼睛，少用耳朵。"

要想使别人信任自己，最重要的是少说给他的耳朵听，多做给他的眼睛看。

逆流容易顺流难

对于险峻的山，我们常说“上山容易，下山难”；其实对于湍急的水，也可以讲“逆流容易，顺流难”。上山逆水之所以容易，是因为我们能步步为营、小心翼翼地前进。顺流下山难，是因为我们顺势而下，容易疏忽而失去控制。

为学不也是如此吗？当我们向上钻研的时候，事事考证、处处思索，很少有差错。至于创作发表时，虽可能下笔万言、痛快淋漓，却极容易发生错误。

困顿与成功

有一位著名的演员，当她刚跨入电影圈的时候，与一家公司签了三年的合同，但是等了两年都没有让她拍片，直到第三年制片人才找她主演一部电影，也就因此成名。这时候她很抱怨地对制片人说：“如果你早用我，我早就成名了！”

制片人却一点也不生气地讲：“就因为我不用你，使你观摩了两年，才能有如此的演技。也就因为你忍耐了两年，才得一展所学，所以有如此淋漓尽致的发挥。”

由此可知，成功者在未成功之前的困顿，常是他反省与积蓄力量的时刻。这也就是“雌伏只为雄飞”的道理了。

奇莱山

“奇莱”是中国台湾著名的高山，但是已经有许多年轻人先后登奇莱山，因为天冷迷途而丧生。为此我特地找到一位经常登山的学生，问他是不是已经把登奇莱山从他的计划中删除。但是他居然毫不考虑地回答：“我事先会做周详的计划，而绝不能放弃自己的理想。我不能因为别人倒下，就怯懦地停止前进。当我攀登得动的时候我就要攀登，因为这是我年轻的权利。”

人生的战场上，不也是如此吗？

一小步与一大步

美国宇航员在跨上月球第一步的时候曾经说：“这是我的一小步，但却是人类的一大步。”因为全人类科学家的努力使他跨上月球，也因为他登上月球，实现了人类数千年来的愿望。

其实在许多方面，我们的一小步，都可能是别人的一大步。当婴儿刚学会走路时，他走出的第一步使父母欣喜；当龙舟竞渡时，站在船头夺标的人只一伸手，就能让全船人同心协力；当棒球手在世界比赛中轻轻一挥棒，就可能实现所有关注者的希望。这一小步怎么能不小心地走呢？

轻视

我有一位朋友，参加各种营队的比赛总能获胜，我问他有什么秘诀，他说："很简单！因为我有认床的毛病，每次参加活动，头几天总会失眠，失眠后无精打采，别人就不把我放在眼里。但是到后几天比赛的时候，我已经能安睡自如了，在别人失去戒备的情况下，所以能取胜。"

由此可知，要想战胜别人，最好的策略是先使对方看轻自己。反之，当我们轻视别人的时刻，也正是别人击败我们的危急关头。

夜盲症

缺乏维生素 A 的人容易患夜盲症，平时与一般人无异，一到夜晚走路，就会东西不分、蹒跚不已。

缺乏正义感的人容易患寡德症，平时与一般人无异，一到义与利抉择的关头，就会见利忘义、损人利己。

可塑性与涵纳力

一位牛津大学的学生对我说，当他报考牛津的时候，具有决定性的三次口试，自己表现都不好，却意外地被录取了。事后主考官对他说，你之所以被录取，是因为我们的考试，主要不在测验你过去学到了多少，而是你以后能接受多少。因为你的过去非常短暂，不够的可以补足。将来却非常久远，必须有可塑性与涵纳力才能吸收。

这种考试与教育的观念，真是值得我们借鉴。

钟表的修养

好的钟表不论发条上得紧或松，速度总是一样准确，不会因为刚上完发条就走得快，隔了一阵则变得慢。

有修养的人，不论贫富显没，总是保持一定的风范，不会因为一朝得势就骄矜自满、气焰高涨，一旦穷困则怨天尤人、萎靡颓唐。

感性与机械

有一位在美国学摄影的朋友对我说，中国人与西洋人摄影最大的不同，是中国人喜欢凭经验，用肉眼判断，西洋人则无论经验多么老到，总要使用测光表。所谓“中国人相信感觉，西洋人相信机器”。也正因如此，最有灵感的影片常是中国人拍的，百密一疏的拙劣作品也常出自国人之手。如果我们能以中国人的感性，加上西洋人机械的辅助来摄影，就所向无敌了。

教育与讨好

做电视节目有两种观念：一种是“他爱看的东西，演给他看”；一种是“演给他看，并使他爱看”。而真正的好节目，应该是包含这两者的，因为前者是讨好观众，后者是教育观众。只讨好观众，节目易陷于流俗；只教育观众，又常不易被接受。唯有两者并进，才能在不经意间提高国民的知识与欣赏水平。

文学、美术、音乐，莫不如此。

起个大早，赶个晚集

中国有句俗语：“起个大早，赶个晚集。”在我们的生活中经常有这样的事发生。有时候起床很早，看看表离上班的时间还远，做事就变得迟缓；及至赶到办公室，恐怕不但不比平常早，还要迟了许多。

时间的充裕、环境的美好，常会造成我们精神的松懈而遭到失败，这也就是“生于忧患，死于安乐”的道理了。

不修边幅

提起画家，许多人都会想到蓬头垢面、衣衫不整、满身油彩的样子，甚至认为只有这样才够艺术家的格调。

其实艺术表达应该是极端沉静的活动，唯有去除周遭的纷杂与心的焦躁，才能做完全的发挥。所以古人绘画先要明窗净几，才能神清气朗。倪云林每天更要拂拭衣帽几十次，才觉得心情愉适。至于画家偶尔不修边幅，只是因为专志于创作，无暇顾及。如果故意弄得满身油垢，披头散发，这个造作就不配做艺术家。

谨毛失貌

有一位著名的画家说："我宁愿与诗人为友，也不愿同画家交往，因为画家总是议论作品的色彩、构图，却很少深入作品的精神境界。诗人对技巧虽不了解，但也正因为如此，他们所说的都是心灵的感受。"

当我们对一件事情接触久了之后，常会钻牛角尖，谨毛失貌[1]地注意那些微末的枝节，反而忽视了事物的根本。

---

[1] 汉·刘安《淮南子》："寻常之外，画者谨毛而失貌。"高诱注："谨悉微毛，留意于小，则失其大貌。"

灵感的云雀

文学家有灵感时，可以立刻写成文字；音乐家有灵感时，可以马上谱成曲；艺术家有灵感时，可以赶快作成画；而一般人有了灵感，却任其飞逝。

灵感就像是一只云雀，突然飞落到我们的窗前，有些人能及时抓住，使别人也欣赏到它动听的歌声；有些人只能任它飞去，留给自己短暂美好的回忆。

行动

当我问朋友："你会游泳吗？" 答案常是否定的。但是当我问："你有游泳衣吗？" 答案则多半是肯定的。

我们做许多事情，常有兴趣、有准备，却没有行动，即使有了行动，也常是半途而废。

屡败屡战

有一位年过花甲的考生，连续十次考报美术系，可以说是"屡败屡战"，而当我问他如果今年再失败，是不是还有勇气卷土重来的时候，他竟毫不考虑地说："如果我落第，从放榜的那天开始，我就要准备明年的考试，在我有生之年，一定要考上。”

当我们遭受挫折之后，常需要经过一段时间，才能鼓足勇气，重新站起来。能够在失败的时刻，就面对下一次战斗，实在是件不容易的事。

比下有余，比上不足

我们常说“比上不足，比下有余”，这句话如果换个方式讲：“比下固有余，比上仍不足。”感觉就大不相同了。

在生活的享受上，我们应该常想前者，知足常乐；在学问的追求上，则应该常念后者，学无止境。

人生的四季

为自己活一次

鱼与熊掌

随着时代进步的需要，许多平房都改建成了楼房，甚至不少楼房也被拆掉重建为更高的大厦。原来的房子之所以要全部拆除，很少是因为破旧不堪，而是为了使土地发挥更高的效用。

同样的道理，在我们生活当中，许多事物需要全部更新，并不一定是原有的不敷应用，而是为了追求更高的理想。这也就是鱼并非不好吃，但是与熊掌不可兼得时，只有舍鱼而取熊掌的道理了。

缺陷与优点

有一个学生找我学素描，但是他的手很容易出汗，炭笔素描又常需要用手涂抹，很容易就把纸弄脏了。我多次劝他改画水彩，他都坚持不应。没想到过了半年多，他的素描不但不脏，而且比别的学生画得更好。原因是他尽量避免擦抹，而用手指在画面上压。手上有汗，压的轻重不同，就能粘起不同分量的炭粉，形成比别人更丰富的色阶。

由此可知，我们天生异于一般人，而被认为是缺点的地方，如果善加分析把握，反倒可能成为一种先天优越的条件。

人生的旅途

经常登山的人都有经验，在曲折坎坷的路途上，不能多讲话，也不能稍感疲劳就坐下休息。因为多讲话会浪费体力，愈休息会愈想休息，反而更加疲倦。

人生的旅途不也是如此吗？我们不能浪费太多的精力在无谓的事物上，更不可以因为稍受挫折就止步观望、自我安慰，而应该以稳定的步伐、坚忍的意志，朝既定的目标前进。

计划的生活

现在的衣服不像以前，形式与色彩的变化愈来愈多，每次买领带，总要考虑到色彩花样跟衣服配不配。

现在的建筑也不比从前，造型与格局各有特色，不论买家具或手工艺品，总要考虑放在室内是否协调。

现在的生活更不比农业时代，播种、插秧、收割，有一定的步骤，而是各有各的变化，必须加以计划，才能适应不同形式的生活。

助人与自助

有两个人结伴登山，突然遇到寒冷的天气，加上饥饿疲惫，使得其中一人体力不支倒地。另外一个虽然也累得难以支撑，但是为了救自己的朋友，拼尽全力终于把朋友背下了山。而也正因为他背负着一个人，使自己充分运动，才免于被冻死。

当我们助人的时候，常在无形中也帮助了自己。

贝壳的联想

孩子们在海边总爱捡贝壳，回来把贝壳放在耳旁，就说听到了海涛的声音，仿佛自己又走到沙滩上。其实如果放个杯子在耳边，也是一样的，但是总觉得贝壳才能造成那种潮汐的音响。

成年人不也是如此吗？夹在书本里一片变了色的枫叶，能使我们回到故园的深秋；压在箱子底一顶破了边的呢帽，能使我们忆起北国的隆冬；即使是一个书包，也能令我们想起自己的学生时代。就因为有那么许多曾经新过，而现在已经陈旧的东西呈现在我们眼前，才使我们深切地感觉到，时间溜走了，人事变化了，自己也跟着长大了！

反焦点

聪明的演讲家，不伸手看表，免得听众也跟着看表；不流目场外，免得听众也跟着左顾右盼；尽量避免咳嗽，免得听众也跟着清喉咙。因为这些动作都足以分散观众的注意力，减弱演讲的力量。

同样的道理，在我们的生活当中，应当尽量避免自己成为自己的“反焦点”。因为意志不够集中、态度不够坚决，都足以减弱我们的影响力。

化妆

教化妆的书上常说：如果嘴长得不美，可以强调眼部的妆容；如果鼻子长得不好，可以加重唇部的妆容。对于难以遮掩的缺点，加强其他部位的优点，就能够将别人对缺点的注意力转移。

为人处世不也是如此吗？

成功之父

当我们挖井的时候，每下一锄之前，总是想会有水冒出来，而当挖下去并不如愿的时候，又会想下一次可能成功。

于是不断地向下挖，等到水真正出现时，才惊觉自己居然已经挖了那么深。

我们能够成就许多伟大的事，都是由于对上一步的失败并不气馁，而对下一步的来临充满希望。因此可以讲：

“失败为成功之母，希望是成功之父。”

盲从附和

我们考试的时候，经常时间还早，但是当别人都出了考场，自己也就变得浮躁。虽然还有充裕的时间，也静不下心答题，结果跟着草草交卷，影响了应得的分数。

人都有一个弱点，就是盲从附和，只为群众所趋，而放弃了自己眼前应得的东西与需要坚持的道理。

不矜细行

一位著名的影评家对我说：看一个导演的功力，只要注意他影片中的细节就能知道了。因为任何一个临时演员的走动、一件道具的放置，都需要经过导演的安排。好导演不单注意主要演员的表演、镜头的运用与剪接，连一点微末的枝节也不会放过。有时一部影片主题部分虽拍得很好，只因为导演忽略了小处，便显得美中不足。

不矜细行，终累大德。为人不也是如此吗？

煮汤的哲学

最近我在街上碰到一位以前同在教育单位、现已出嫁而忙于家务的女同事，就开玩笑地问：“在厨房里这一阵子，对教育有什么领悟吗？”

她笑嘻嘻地回答：“有！当我在煮汤的时候，需要依照材料的性质先后往下放，而每当汤煮开了，有冒出锅外的危险时，只要加入下一样材料，就会复归平静。”

教育的道理，不正是如此吗？我们需要依照教材的深浅排定次序，而每当学生自满时，就教给他一些新的知识，使他更充实而且谦虚。

清峻

谈到嵇康，就令人想起他的绝响《广陵散》。其实嵇康的诗也是相当著名的，刘勰曾评价他“诗清诗峻”：清是“清远”，超于象外的境界，峻是“峻切”，讦直露才的表现。

清峻可以形容诗文、书画，更可以形容我们处世的态度。年轻人冲劲大，难免才气外露，不够含蓄，但是能有高洁的志行，峻切也就不失为一种率直的表现了。

书画同源

一般人常说“书画同源”，而认为书画同源就是因为中国文字源于象形。其实中国人写字与绘画的“文房四宝”完全一样，文人又常在舞文弄墨之余作画，自然把书法的用笔带入画中，更是一样重要的因素。这也就是西洋人多半以钢笔、墨水在纸上写拼音文字，用油彩、刷子在麻布上作画，而不会“书画同源”的道理了。

肯定的态度

有一种医生，医术不见得高，但是判断病情的口气肯定，绝不犹疑，似乎什么病都逃不过他的法眼，而这种医生常能有很好的治疗效果——因为病人信任他。

许多领导人也是如此，言出必行，毫不迟疑，虽然看法不一定最高明，但总能把事情办成功——因为部属信任他。

当机立断

有一个猎人在森林里设置了兽夹，第二天发现上面只夹了一条野兽血淋淋的腿。原来这头野兽被夹到之后，自知无法挣脱，为了保全生命，竟一口口咬断自己的腿以求逃脱，想来是多么残酷可怕的事。

其实在我们的生活中也常有类似的情况。被毒蛇咬了需用刀把伤口深深地切成十字，再将毒液吸出来。四肢有严重的病况，常得整个锯掉，以免病毒蔓延。如果在紧要关头迟疑不决，不忍下手，反倒会失去整个生命。

牺牲小我，完成大我；忍一己之痛，成千秋伟业。权衡得失，当机立断，大到国家，小到个人，都是必要的。

循序指导

有些医生用药很轻，治疗虽慢，但是总有效应；有些医生用药奇重，初用时，药到病除，但是久而久之不但戕害了身体，药的效力也愈来愈差。

教育的道理便是如此。有些教师，循序指导，学生进步虽慢，但都能领悟；有些教师，采填鸭制度，看来成绩粲然，其实学生考过就忘，所得有限。

古画

有一个父亲过世之后，只留给儿子一幅古画。儿子看了十分失望，正要把画束之高阁，突然觉得画的卷轴似乎异常地重，撕开一角，赫然发现不少金块藏在其间，于是立刻把画撕破，取出了金子。但是接着看到当中的一张字条，指出画是古代名家所绘的无价之宝，可惜画已经在他冲动之下被撕得破碎不堪，他也后悔莫及了。

人们常在发现小利而急于争取的时候，也破坏了自己获得大利的机会。

信笔挥洒

中国绘画的格式很多，其中册页和扇面，应该是尺寸最小的了，但是妙在许多名家大师随意挥洒的小品，笔愈简而气愈壮，景愈少而意愈长，意境之高，比惨淡经营的巨轴、联屏，有过之而无不及。

不论文学、艺术，苦苦学习的时候，唯恐笔墨不对，难得有自己的境界；刻意表现时，又步步为营，而难免失之呆板。倒是枕边随笔、醉中泼墨，不计得失、信手挥洒，常能有感泣鬼神之作。张旭的狂草、李白的《清平调》、梁楷的《泼墨仙人》，不都是如此吗？

演员与造型

导演选择演员时，多半要看演员的体形、声音、相貌是否合于剧中人的造型。其实真正表演的艺术，正在于演员以有限的“自我”，表达剧中人“非我”的角色。如果一个粗犷豪迈的角色，由体形壮硕和身材瘦小的两个人分别去演，而能有同样好的效果，当然是后者具有更高的演技。

艺术有个条件，就是由人所创造，创造的成分愈高愈艺术。

知识与财富

知识就是财富，财富却不一定能换得知识。知识抢不走，财富却夺得去，所以只要有机会能以财富换得知识，就绝不要放过。

譬如花昂贵的价钱买一本必要的书，利用可以赚钱的时间去听一场好的演讲，表面上看来损失不少，实际是最明智的投资。这也就是“家有万贯不如一技在身”的道理了。

朝收心

五代大画家荆浩的《画说》里有一句“朝洗笔”，意思是前一天残留在笔间的墨不可用，每天作画的第一件事就是洗笔。这虽然只是指绘画方面，但何尝不能用在我们的生活当中呢？我们不应该把昨天的得意，带到今天来沉醉；假日中的无拘无束，销假后也就当加以收敛。

所以荆浩“朝洗笔”这一句话，即使不能改为“朝洗心”，也可以说“朝收心”了。

雨巷诗人

早期的现代派诗人戴望舒，以一首描写在雨中看见一位带有丁香般愁怨的姑娘，自身边飘过，又消失在巷子尽头的诗作——《雨巷》，获得“雨巷诗人”的美誉，徐志摩的《偶然》更是一首总为人们吟诵、歌唱的著名作品。

美，不一定要占有。它常是一种瞬间的感受，只是淡淡地一瞥，轻轻地飘过，就能在我们心中留下难以磨灭的印象。

快乐的条件

临危的病人、死刑的犯人，即使给他们最佳的物质享受，他们也快乐不起来。年老孤独的富翁，不比为子女劳碌的夫妻来得快乐；养尊处优的孩子，不比披荆斩棘的青年来得快乐。没有未来的人、未来黯淡的人和还不懂得开创未来的人，都很难获得真正的快乐。

所以快乐有一个必要条件，就是具有理想和希望。

齐白石的吝啬

齐白石是我国近代著名的大画家，而他的吝啬也是出了名的。据说他画虾是以只计酬，分文不得少。较昂贵的食物，他便要用锁锁起来，难得拿出来招待人。但是在另一方面，当有人劝他到日本卖画时，他却拒绝道：“饥则有米，寒则有煤，无须多金，反为忧虑也。”辞去北平艺专教授的职位后，艺专仍有煤配给白石老人，也被他拒绝。这种不慕虚荣、一介不苟取的态度，更是常人所不及的。

吝啬的人多半爱贪小便宜，能像齐白石有这样的风骨，吝啬也就不足为病了。

忍

中国人是最能够“忍”的民族，由“忍”这个字，就能看出造字者对忍的态度。几乎每个伟人，都有超人的忍耐力。周文王会忍食子之痛[1]，孙膑曾忍断足之苦[2]，韩信曾忍胯下之屈，勾践曾忍尝粪之辱[3]，也就是因为他们能忍，日后才能雪耻复仇，成就不朽的伟业。可知“忍”有多么重要。

忍是理智的抉择，是成熟的表现。忍有一个最重要的条件，就是要眼光放得远，为长久打算，忍一时之痛。所以说：“小不忍则乱大谋。”“忍一时，风平浪静；退一步，海阔天空。”

一置百年

人们买东西，通常都是因为有需要或看了喜欢。譬如买食物是为了要维生或品味，买衣服是为了保暖或装扮，

[1] 商纣将文王囚于羑里，文王子伯邑考来商都，求免父罪，被纣所杀，并煮了他的肉派人送给文王吃。

[2] 庞涓与孙膑同学，自认所能不及膑，以法断膑两足，而黥之。

[3] 吴王夫差有病，勾践曾尝其粪便，以测病情。

买书籍是为了求知或消遣。

但是买食物的人，通常过不了多久，就会把东西吃完；买衣服的人，就算难得穿几次，但总要穿穿看；买书籍的人，却可能由置诸案端而束之高阁。

食物不吃会坏，所以人们总是快速解决；衣服不穿会过时，所以总要及时穿穿以炫人；书籍反正不易腐朽，所以除非急需，大可摆上一阵。岂知这世界上有多少人，这么一摆，便留待百年之后了！

人生的四季

我们常说“人生不过数十寒暑”，其实也可以讲“人生不过四季”。春天，万物发舒，生气蓬勃，虽不免失之娇柔，却正像初生的孩子；夏天，林木蓊郁，枝条茂盛，虽不免失之火气，却正像健壮的青年；秋天，结实累累，枫红似火，虽不免过于丰盛华丽，却正是中年富裕的景象；冬天，白雪皑皑，万物凋零，虽不免过于萧条朴素，却正是老年宁静的境界。

春天的播种是为秋天的收获；夏日的蓊郁是为秋天的装扮；春夏秋的喧哗则当归于冬日的宁静。

生与死

生与死是人生两件最重大的事，一个是起点，一个是终站，在生命的旅途上，它们各处极端，差异也相当大。

生是创造，带来的是长久的发展；死是消失，留下的是一串回忆。生时每个人都差不多，因为他们谈不上功业、德行；死时却有相当大的差距，因为数十年的得失都摆在眼前。生如果是丢下去的骰子，死就是静止时的数目；生如果是问号，死就是句号。

所以我们可以平凡地生，却应当伟大地死。

过去与未来

我们小时候，听到父母师长劝诫自己要努力，免得“老大徒伤悲”，心里总想那还是多么久远以后的事啊！可是自己到了成年，回顾过去的数十寒暑，又觉得似乎一溜烟就过了，而有“时不我与”“韶华不为少年留”的感伤。

人们总是将未来估计得太长，对于过去又叹息时间太短；只知消极地感慨过去，却不知积极地创造未来。于是就这样明日复明日地蹉跎浪费了，往事如烟地飞逝了，人生如梦地完结了。

雨

雨有时诚然恼人，但也有它优美的地方，不论是春雨绵绵、秋雨涓涓，还是大雨滂沱，只要你静静地欣赏，都有它不同的况味。雨有时像珠帘，有时似轻纱，点点滴滴，常能与我们的心境产生共鸣，所以古人形容雨的词句也特别多，因时间的不同有所谓“寒食雨”“杏花雨”“梅雨”“清明时节雨”，因地点的差异有“灞陵雨”“楚江微雨”“巴山夜雨”“二陵风雨”“仙人掌上雨”，因大小早晚的不同有“密雨”“疏雨”“宿雨”“朝雨”，因心境的不同有“雨打归舟泪万行”“天阴雨湿声啾啾”，同时因为雨能浥轻尘，使景物变得愈发明晰，所以更有“雨中黄叶树”“草色新雨中”“门前风景雨来佳”“红楼隔雨相望冷”的诗句。

当然，如果比较雨色与阳光明显的差异，还是在于阳光无言，雨却能呢喃；阳光只能在白天得到，雨却能日夜谛听。那潇潇的雨声、清脆的音响，仿佛织成一首交响乐，给予人们无限的遐思。譬如李后主的“帘外雨潺潺”，陆游的“夜阑卧听风吹雨”，都是形容雨的佳句。至于李清照的“梧桐更兼细雨，到黄昏、点点滴滴”和“伤心枕上三更雨，点滴凄清。点滴凄清，愁损离人，不惯起来听”，因为不但形容了雨，也模拟了雨打梧桐、芭蕉的音响，所以更成为千古绝唱。

看山

我喜欢游山，更喜欢看山，爱在山里看山，更爱在城里看山。

在山里看山，周遭是鸟语花香、清流激湍，涤尽尘俗，怡然陶醉。

在城里看山，周遭是骈肩杂沓、车水马龙，令人有出尘之思，悠然神往。

在山里看山，能横岭侧峰，远近各异，不识庐山真面目。

在城里看山，遥隔十里红尘，本不知山之正身何似，却更能引人遐思。

我喜欢众鸟、白云皆不论，相看两不厌，与我心物交融，万机沟通的敬亭山；更爱能令我结庐人境，心远地偏，而能不闻车马喧哗的悠然南山。

一张白纸

学生时代，许多人都有做算术的时候使用草稿纸的经验，刚开始整张纸都空白，非常容易计算，于是经常不知节制，而将字写得特别大。但是到后来，纸上的空白愈来愈小，只好在以前写过的文字空隙中计算，既困难又容易出错。

人的记忆就像是这张白纸，幼年时容易吸收，但常无计划地挥霍。到成年真正需要使用时，却苦于记忆力衰退，而事倍功半了。

生命的唱片

生命是一张唱片，岁月是转动的唱盘，我们的一言一行便是刻针的颤动。有的人行动快，刻痕密，可以容纳较长的音乐；有的人行动慢，刻痕疏，只能录取较短的东西；有的人活力充沛，留下的是一曲热门音乐；有的人波澜壮阔，留下的是一篇交响乐章；有的人恬淡宁适，变成柔婉的小夜曲；有的人波折破碎，只是一张效果唱片。他们或以高亢沸腾的音符，戛然而止；或以沛然丰盛的交响，完满结束；或以幽逸淡远的绵延，轻轻消逝；或以抒情引人，华丽渲染，澎湃激荡，徐缓而渐归宁静。

梦

我们常说“浮生若梦”，形容人生的倏忽和许多难以置信的遭遇。唐代李公佐更作有《南柯太守传》，描写淳于棼做梦至槐安国，娶妻、为官、争战的种种。可知梦中的天地是多么广阔，梦中的时间是何等快速。

梦是一种思想的飞跃与创造。“日有所思，夜有所梦”，许多现实无法满足的事物，在梦中能得到补偿；科学家难以解决的问题，也有些能在梦中豁然贯通；绮丽的神话故事，更常自梦中得到。

虽然梦多半虚幻而不可把握，但在这个纷乱、狭窄又短暂的人生中，我们总该庆幸，还能拥有这么一个宁静、宽广且完全属于自己的梦中世界。

突然

机器经过长期的运转，关闭时，常需要逐步进行，否则容易出故障。刚从火里取出的玻璃器皿，常需要放在温暖的地方逐渐冷却，否则容易炸碎。方才塑制好的陶器，常需要加以阴干，才能放进炉里，否则容易破裂。

对于一个人，突然的停顿、突然的失意与得意，也就如同突然的静止、突然的冷却与加热，对于一件物的不适当一样。

选书与择友

最近有位出版界的朋友对我说，一本畅销书应该合于几个条件。第一是封面和书名吸引人，第二是纸张和印刷精美，第三是厚度够，最后才考虑到内容。原因是读者到书店选书，经常是先被封面和书名吸引才去翻阅；看的时候，最初注意的则是印刷和纸张，然后估计价钱与书的厚度相当，拿在手上也很有重量，就会掏钱买。至于内容，因为在书店没有太多时间注意，所以并不重要。

与买书同样的道理，我们择友，也经常是先注意相貌、衣着、财富与地位，反而忽略了最重要的内在。

粗犷中的细腻

张大千作画，经常在泼墨山水中，加上工笔的点景人物；在勾勒细致的花卉里，又加上粗笔写意的叶子。但是因为安排和谐，感觉更有味道。

为人不也如此吗？粗犷中的细腻最见精神，拘谨中的豪迈更见天真，问题是要表现得自然。

墨与砚

如果岁月是一方砚台，我们的生命就是墨，随着时光的流转，不断在砚中磨动。会利用的人，可以将它写成伟大的诗篇，绘成不朽的作品；不能把握的人，只有任其抛弃，当整条墨磨光，留下的不过是一摊墨汁而已。

平适愉悦的胸怀

有一天傍晚，我在台北坐出租车回家，当车开到中山北路天桥的时候，因为前面发生交通事故而受阻了。眼看一长排的车子，半天都丝毫无法移动，我正焦躁不安的时候，司机却笑着回头对我说："您看！这么长的车灯，多么漂亮啊！"

在人生的旅途中，我们也经常会遇到行不通的困境，如果人人都能拥有那位司机一般平适愉悦、随遇而安的胸怀，也就不会以此为苦了。

火气、霸气、油气

为文就如同为人，少之时感情丰富，才华外露，难免失之火气；中年时局面渐开，信念愈坚，难免失之霸气；老年时饱经世事，轻车熟路，却常循旧途，难免失之油气。

若能将少年的真挚、中年的创意、老年的洗练合而为一，便能成最佳的文章、最美的人生。

不朽的凭借

我们常认得一个人的脸孔，却记不起他的名字，可惜他的肉体是会死亡的，所以百年之后人们就将他完全遗忘了。

我们常背得一首诗，记得一篇文章或定理，却想不起作者和发现者的名字，不过幸亏诗文不会死亡，而能流传永远，所以经过追索考证，人们就能知道它的作者。

由此可知，我们的身体和名字都是多么短暂而有限的东西，唯有伟大的创作能千秋万世而不朽；也唯有依靠那些不朽的作品，才能使我们的名字流传下去。

爱的教育

某年冬天，我在国外参观一所小学，当时正落着簌簌的雪花，学校里每个孩子都穿着冬衣、戴着帽子；但是令人奇怪的是，在操场旁边一个撒尿小童的雕像也戴上了毛线帽，并披着一件夹克，看起来非常滑稽。我就问校长："为什么连雕像都穿衣服，难道它也怕冷吗？"校长郑重其事地回答："对！在儿童的眼中，雕像也是怕冷的。为了给予孩子爱的教育，并使他们由幼年就培养出同情心和爱心，所以我们为雕像穿上寒衣。您想，儿童连一个假的石像，尚且不忍它受冻，如果看到真人，还会不伸手援助吗？"

爱的教育岂止是在课堂上啊！

两耳菩提

我曾对一位学禅的朋友说："真希望能有机会到庙里住一阵子，享受那晨钟暮鼓，菩提梵唱的宁静。"

朋友回答说："你呼吸便成梵唱，脉搏跳动就成钟鼓，身体便为庙宇，两耳就是菩提，无处不是宁静，又何必等机会呢？"

时间的痕迹

常听人说时间是没有痕迹的，其实时间的痕迹处处可见，几乎由我们接触到的每一样东西，都能读出时光的过往。

欣赏一幅画，我们可以想到上面的每一笔，都是画家时间和精力的叠合；读到一本书，我们可以知道上面的每个字，都是作家花时间写出来的；看到一尊雕像，我们仿佛可以听见匠人刀斧的声响，每一片斑驳与剥落更是岁月摧折的痕迹。

不舍昼夜的流水、阴暗圆缺的明月、沧海桑田的变幻，树的枯荣、燕的来去、人的死生，甚至落在案上的小小尘埃，都能使我们感到时光的过往。想到这些，我们怎能不刻刻警醒，爱惜光阴呢？

古筝

在听完两位著名古筝家的演出之后，我问同行一位研究古筝多年的朋友，最欣赏的是哪一位。这位朋友回答说："他们两个人都弹得好极了，可以说一点瑕疵都没有。前者演奏时感情洋溢在脸上，随着铮铮的乐音，演奏者全身都跟着震动，仿佛下了极大的力量和情绪，固然相当高妙。但是我更叹服后者，因为他融合各种乐器的优点于古筝之中，却能丝毫不露痕迹，他脸上平适宁静，但是琴音蕴含无限的情思而幽远；他的身体与双臂不见什么抖动，凝坐如敬亭山，但指间泛出的音符，忽而如行云流水，骤而若铁马金戈，空冷如入无人之境，敛止如老僧入定，雄壮如两军交战，飞扬如鸿鹄长鸣。令人心随琴音，如驰天马，突发于千里之外，突归于所发之处，由始至终，但觉浑然如一，了无痕迹。”

所谓参天地之机，而与造化争奇的艺术境界，大概便是如此吧！

节制

情绪节制，则能养气；饮食节制，则能长寿；金钱节制，则能致富：所以一切福分皆生于“节制”二字。

但是节制也当有一定的限度，如果情绪节制得心如铁石，饮食节制得营养不良，金钱节制得近乎吝啬，就过犹不及了！

灵感、精神、时间

最近跟几位文艺界的朋友聚会，大家一致认为，要生产好作品需要满足灵感、精神和时间三个条件。条件都不难，但要想同时拥有却不容易。因为有精神和时间，却没有灵感，就无从写；有灵感、精神，没时间，就无法写；有时间、灵感，没精神，则写不好。有时想熬夜以争取时间，就损伤了精神；有时想多休息以培养精神，则失去获得灵感的机会；有时想等待灵感的来到，又耗费了时间和体力。

写作是一件多么困难的事啊！

绿色的火焰

我有一次在冬残春至的时候到韩国去，发现那儿的树木前半天还可能是光秃秃的枝干，一夜之间就能抽出整片新绿。那种绿似乎来得特别翠，也特别快，玲珑剔透又娇嫩欲滴，仿佛绿色的火焰，一夜之间点燃了整个山头。

据说愈是寒冷的地方，春天树木的发荣愈快，叶子也特别绿。秋天的寒霜，更能染成嫣红的枫叶；山风凛冽的绝巘，更能塑造劲拔坚挺的枝干；坎坷的境遇，更能历练出伟大的人格，大概也就是这个道理吧！

一秒之差

在运动场上的一秒之差，常是好几米距离的胜败区分。

在战场上的一秒之差，常是你死我活的生死之别。

在咖啡室里的一秒之差，却只是闲话家常的半句话而已。

同样一秒钟，在不同的时间、不同的地点，相差是多么大啊！

磁铁

伟大的老师就像是磁铁：它能连串地吸引学生，并使学生影响更多的人。它能使平凡的针成为罗盘，散乱的铁砂排列图案。它固执自己的道理，凡是对的都加以吸引，否则就将之排斥。

最重要的是：它公平地对待每一个学生，不论它是大的铁块，还是小的铁屑。

穿过黑暗

有一位朋友，最近由高雄坐夜车来台北，当我问他坐夜车是不是很苦的时候，他笑答：

“当你在苍茫的暮色中，登上夜车，睡眠里，不知不觉地穿过黑暗。再醒来时，投入的是一个新的环境和早晨的光明，除了有如获新生的快乐，还可能会感到坐夜车的痛苦吗？”

穿过黑暗，改变环境，投向光明，就是新生，这真是生活至深的感受。

漏雨

前些时候家里屋顶的瓦破了，请工人修补之后，下了一阵小雨，屋子已经不漏水。但我碰到泥水匠时仍不放心地问："下大雨会不会漏啊？"他笑着回答："小雨不漏，大雨就不会漏；大雨不漏，小雨却不保险。因为小雨水流缓慢，专渗缝孔；大雨固然声势不小，却多半倾泻而过，毫无影响。"

为人处世不也是如此吗？我们常震惑于那些外表惊人的事物，而忽略了潜在细微的力量。

地基

我有一位艺术界的朋友，研究国画已近十年，每天仍孜孜于传统技法的练习。当人问他为什么不早一点积极从事创作的时候，他说："建十层的大厦，得打两层以上的地基，地基愈稳，楼也愈坚固。同样的道理，我要从事创作的岁月有五十年，打十年的基础又算得了什么呢？"

古人常说："十年寒窗无人问，一举成名天下知。"张大千在五十岁之前致力于传统的研究与临摹，而能在其后的十余年间，名闻国际，大概也就是这个原因吧！

欲望

孩子们只有一两张邮票的时候，不一定会想到集邮，但是当你交给他一把邮票时，他可能因此而买集邮簿，并企图有更多的收藏。

成人们生活并不富裕的时候，常比较慷慨，一旦有了些许积蓄，反倒变得吝啬，产生更大的欲望。

少年们十六七岁时，常不知天高地厚，生死不顾，逞一时意气；老年了反倒愈发惜命，战战兢兢。

人们总是因为“有”，而更想取得；有的愈多，进一步的欲望也愈大。

春秋与晨晚

就太阳照射的纬度而言，春与秋有什么分别呢？但是春天就那么欣欣向荣，秋日却变得萧瑟肃杀。

就阳光照射的斜度而言，清晨与傍晚有什么分别呢？但是早晨就那么朝气蓬勃，傍晚就那么趋于沉寂。

大概就为了挣出冰冷的地面，望穿深垂的夜幕，所以指向繁荣与喧闹。

也许就为了经历夏日的煎熬与正午的阳光，所以归于宁静与安眠。

春天与清晨、夏日与正午、秋月与落霞、冬寒与夜凉，季节时光移转的道理，不都是一样的吗？

不似而似

“有一个喜欢沽名钓誉而实在不高明的画家，来求我题字，在耐不住他三番两次的请托之下，我给他题了‘似而不似’几个字。他拿去之后珍惜万分，竟高悬在正厅，岂知‘似而不似’与‘不似而似’意义相反，实在是我对他的讽刺啊！”一位国内著名的艺评家对我说。

绘画是艺术家所表达出的胸中境界，他的目的不在真实物体的再现，而在精神的把握，所以总以气韵为主，形似其次。若逸笔草草，表面虽不逼真，但能给人实在的感受，总比刻意求工，却呆板迟滞高明多了。这也就是画论中“无似何画，画其神耳”的道理了。

蝴蝶与毛虫

今年孟夏与几个朋友一块去阳明山郊游。当时公园里到处都翩飞着蝴蝶，五颜六色非常美丽。但是也有不少毛虫，或是爬行于亭台之上，或是牵丝吊在树林之间，稍不注意就会被吓一跳。这时候有一位同行的朋友抱怨地说：“真是煞风景，‘穿花蝴蝶深深见，点水蜻蜓款款飞’的美景都被这些毛虫破坏了！”

这不是大家常患的毛病吗？我们总是赞叹那完美的成品，却厌恶它发展的尴尬时期；喜于见到耸立的高楼，却不愿看到施工中的杂乱。也就如同爱蝴蝶，却恨未蜕变前的毛虫一般。

斗剑

某次到朋友家拜访，看到他正跟不满三岁的孩子拿着竹剑比斗。一般父母跟孩子玩，总是让着，但是我这位朋友却不一样，有时故意被孩子刺到，有时却用很大力气把孩子的竹剑打落在地上。我奇怪地问："那么小的孩子，你为什么不让着他呢？用那么大力气，孩子的手会被震痛的。"朋友回答说："这就是幼年当有的教育，我们不可使孩子总是获胜而骄傲，也不可让他总是失败而气馁，而应该使他知道在未来人生的战场上，有胜利也有挫折，这样他将来才能担得起重任，受得了考验。"

教育当使孩子们勇于面对现实，有理想而非妄想，有自信而非自大，有暂时的失败，而无永久的没落。

距离与心情

抗战末期，当日本投降的消息传来，即使互不相识的人也兴奋地在街头拥抱。

当我们有喜气的时候，看到的每个人，似乎都变得特别可爱而和善，更多的好运也常跟着来到。

愉快的心情，能缩短彼此的距离，能使我们令人亲近，能使眼前的世界变得更美，带来更多的快乐。

健忘

有三个苦恼自身健忘的人在一块儿聊天，谈到各人避免遗忘的方法。

甲伸出右手说:“你们看！每当我有重要的事，就把绳子系在手指上，因为绳子经常产生提醒的作用；所以不会忘。”

乙伸出左手说，“你们看！每当我有重要的事，就把手表反着戴，当我看钟点的时候，就会想到那件事，所以不会忘。”

丙伸出一只脚说:“你们的办法对我都没用，我必须把鞋子反着穿，一直有难受的感觉，才不会遗忘。”

甲和乙问丙说:“可是当你睡觉的时候怎么办呢？你不可能穿着鞋睡觉吧？”

丙说:“很简单！我把鞋子放在餐桌上，第二天早上看到鞋子，就会想起来了！”

以上虽只是我编的一个笑话，但身处在这个繁忙的社会，为了避免遗忘，制造些特殊情况，或是在自己常见的东西上做个记号，以提醒记忆，谁说不是一种很好的方法呢？

灵感的火种

灵感人人都有，只是“灵”相同，各人的“感”却不一样。

音乐家的灵感常成为跳跃的音符，文学家的灵感常成为优美的辞章，画家的灵感常成为完满的构图，一般人的灵感，则常只是一霎时特殊的喜悦。

灵感是一闪即逝的火种，我们的资质与素养则是可供燃烧的薪柴。薪柴没有火种固然无法燃烧，接受火种之后放出的光热和持续的久长，则要看薪柴的数量而定了。

你想捕捉更多的灵感吗？你想使灵感变为光热的能量吗？请在平时就不断充实你的柴房。

幸福的真义

幸福是世间最脆弱的东西，因为我们无法预测未来。快乐的家庭，如果有一个人突遭不测，家庭便笼上了暗影；

美丽的田园，如果有一阵突来的天灾，田园便成为荒芜。战争、疾病，甚至连屋角一片瓦的砸落，都能使短暂的幸福成为泡影。而且就算我们一辈子都幸福，又能有几十年？一辈子都笑，又能笑得了几千万次呢？

既然我们每个人的幸福都这样脆弱，就当珍视眼前的一切，同时把自己的幸福分给那些需要的人，使我们有限而短暂的幸福，即使不能延长，也能扩展到最大的范围，并有更深的影响。

旧药与新药

有一位著名的药学家最近在论文中表示：现今一般药学家总是在追求新的药剂，民众也总以为凡是新药就好。其实我们如果能就老的药加以检讨，去其缺点而增长药效，反而要比刚问世，还未经长久使用的新药更有把握。

医药如此，做事不也相同吗？我们在一个方法行不通的时候，如果就原计划加以检讨改进，常比断然弃绝前案，耗时间找一条新途径，更为省时而有效。

三点不动，一点动

爬山的人有一句术语："三点不动，一点动。"意思是爬山的时候，双手双脚中总要有三点能够保持稳定，另一只手或脚才能进一步攀缘，否则就容易发生危险。

为人处世不也如此吗？先要求自己稳健，才能做进一步的打算。只知攻而不知守的人，常是经不起打击的。

书展

有一位书展的主办人对我说：这种展览是很少赔本的。因为当一个人走入会场，既惊于汗牛充栋的书籍，又惑于买书的热潮，更眩于装订封面的精美，在这自觉渺小、盲从附和与虚荣爱美三种心情的驱使下，自然就会买书。

由此可知，我们买书的冲动，常常并不是起于求知的欲念，这也就是有些人存书满架，却本本如新的原因了。

影子

我有一次应邀到台中的东海大学演讲，讲完已是夜里近十点钟了。走过校园，看到许多同学站在东海教堂附近的灯前，进进退退地跳着，欣赏自己投映在教堂斜顶上忽大忽小的影子。我问他们有什么趣味，大家回答说：“太有意思了！没想到自己的影子有这么美，而且随着动作总是在变，自己都无法认识自己的影子。”

有光的地方就有影，影子日夜跟在我们身边，竟还无法认清，更何况去认识别人呢？

化腐朽为神奇

在吴承恩写《西游记》之前，早有《大唐三藏取经诗话》；在施耐庵写《水浒传》之前，早有《宣和遗事》《龚圣与宋江三十六人赞》和《梁山泊故事》；在歌德写《浮士德》之前，早有浮士德的传说和剧本；在莎士比亚写《奥赛罗》之前，早有《夫与妻之不忠实》这篇故事。

伟大的作家就如同高明的厨师，烹饪的材料虽不一定采于自己的园中，但经过他的手，却能使平凡的蔬果成为甘美的佳肴，所以我们不愁没有创作的题材，也不必忌讳重复别人的故事，只要有巧思、有才能，平常的琐事，都能化为不朽的篇章。

溜冰

在溜冰场里经常可以看到，那些熟手笑刚学而不断滑倒的新人，偏偏有些新人就因怕嘲笑而退缩了。

其实哪一位溜冰的老手不曾摔倒过呢？既然自己也曾如此，就不应嘲笑别人。相反，刚学溜冰的人，如果想想那些来去如风的高手，也曾跟自己一样，就不会怕眼前的挫折了。

人在得意时，多想想从前，就能谦虚；失意时，多想想得意人也曾困顿就不致气馁。

退一步打算

当我们登山的时候，如果面对不熟悉的环境，就应当在每个岔路的地方，做个来路的指标，以备前面行不通的时候，还能退回起点。相反的，如果对前面的路已经很了解，则应当不断注意能不能发现新的风景或更好的捷径。

对已明的事，做进一步计划；对未明的事，做退一步的打算。登山、处世都是一样的。

浸润

以前每当走进中广公司，总会看见一块竖立的牌子，上面写着容易读错或破音的字。据说内容天天更换，而就在大家进出时，视觉有意无意地掠过，久而久之，发音便能有相当大的进步而减少错误的发生。

每日些微的浸润，日积月累，长久持续下来的学习成果之大，常是我们无法想象的。

得意忘形

我曾看过一篇神话故事，有父子二人被囚禁在山巅的高塔之中。为了逃走，他们想出一个法子，就是将经常驻在高塔上的飞鸟落下的羽毛，用蜡凝结成两对巨大的翅膀，借以飞出高塔。但是当他们飞舞着翅膀飞到天际时，孩子觉得翱翔有无比的快乐，十分得意，竟不听父亲的劝告，愈飞愈高。结果因为过于接近太阳，翅膀上的蜡被熔化，瞬时间羽毛飞散而跌落深谷。

人们往往在辛苦冲破黑暗走向光明之际，得意忘形，而遭到更大的厄运。

最好的一场戏

据统计，一出戏如果演五场以上，最好的不会是第一场，因为那时难免因生疏而紧张；也不可能是倒数第二场，因为那时已能熟练而容易松懈，更不会是最末一场，因为那时演员心想是最后一次演出，特别卖力，难免表现得过火。

由此可知，一件好的艺术品，只有在技巧纯熟、心情稳定、表达自然的情况之下，才能产生。

生活与作品

有一位年老的作家对我说:“我承认写不出那些年轻人的新潮作品。不是因为我没有能力，而是因为我不再具有年轻人的生活。”

艺术必须植根于生活的土壤里，有怎样的生活才有怎样的作品，硬要描写自己没有感触的事物，是不可能感动别人的。而当我们的灵感枯竭时，只有一个泉源，也就是“生活”。

善学者，善观者也

我教画是采取个别指导的方式，一段时间专为一个学生讲解，但在同时也会有许多学生旁听。而我发现那些来得早、走得晚，由头听到尾的学生进步特别快。因为在旁听的过程中，他见到别人的错误，可以使自己以后不再犯;遇到已经学过的东西，更能温故知新，有深的领悟。

所以我常对学生说:“善学者，善观者也。”

吸收与领会

饭量少的人不一定瘦小，饭量多的人不一定健壮，主要还得看他是否能够吸收。

读书少的人不一定浅薄，整天抱书啃的人也不一定深厚，主要还得看他是否能够领会。

迂回

我有一位艺术界的朋友，经常画巨幅的作品，但是评论家却一致认为他真正的好画是那些小画，如果把画巨幅的时间用在小画上，必会有更多的杰作。当我问他听到这些评论是否不再作大画的时候，他笑着说："不会，小画之所以好，正是因为我通过了大画的练习。每当我花上七八天的时间，辛苦完成一幅丈余巨作之后，摊开小纸，便觉得轻松愉快，心中了无压力。既能洒脱落笔，在尺幅之中有大画的豪迈；又能小中见大，得深远的境界。所以大画是耕耘，小画才是收获。"

我们观察一个人，常只注意他成功的地方，而忽略其间的失败，岂知那些失败正是他成功的因素。看来不必要的迂回，有时正是前进的另一种姿态。

摒除干扰

我曾经在国外参观一个以美术教育闻名的中学，发现走廊上挂上了许多学生的优秀作品，但在美术教室内，四面墙壁却是一片空白。我奇怪地问："为什么不把学生的好作品也挂一些在教室里呢？"

"因为那样做，学生们常会四面张望别人的作品，而直接加以模仿，本来该有的创造力，受他人影响，反而被抹杀了。"美术教师回答。

任何教育不都是如此吗？我们固然要使学生观摩别人的优秀作品，但也当除去一切干扰，使他们发挥自己的创见。

自甘堕落

一位出租车司机对我说，当他开新车的时候，总是小心翼翼的，唯恐撞坏或擦伤漂亮的车身。但是开旧车时就大胆得多，因为车子反正已经不美，即使再受点损伤也没什么关系。不过到那时候，出事率高，车子也很快就会报废了。

我们为人不也常是如此吗？初入社会时，临事戒慎，唯恐有损自己的名誉。既受几番挫折，或偶尔失足，不但不知痛定思痛，反倒一不做、二不休，自甘堕落下去，结果愈陷愈深，只能被社会淘汰。

机会

如果要想获得成功，就必须抓住适当的机会，而把握机会的秘诀则是快速的行动与准备。

如果人生是旅程，机会是导游，我们就是旅客。必须随时预备好行李，只要听到机会敲我们的门，立刻提起行李跟它走。

体气

书法是中国固有的艺术，学习书法最重要的是选帖，选帖则需要配合自己的体气。譬如体气浑厚的人，适于写魏碑、颜真卿；体气矫健的人适于写兰亭、柳公权。如果强要以刘石庵[1]的“肥”，写宋徽宗[2]的“瘦”，是勤苦而难成的。

---

[1] 刘墉（1719—1804），号石庵，山东诸城人，为清代四大书法家之一，受宠于乾隆皇帝，书体以肥厚著称。著有《刘文清公全集》。

[2] 宋徽宗（1082—1135），名赵佶，神宗第十一子。善书画，均能自成一家。其行草正书，笔势劲逸，初学薛稷，后加以变化，自称“瘦金书”。

戴钻戒的艺术

聪明的人不会在相邻的两只手指上同时戴钻戒，为的是避免彼此摩擦受损，而减少了钻石的光泽。

睿智的领导者不会在同一个岗位安排两个具有同样高度能力又独断的部属，为的是避免他们意见不合而互相抵制，减低了工作的效率。

一叶知秋

我们常说“一叶知秋”，其实“秋”并未跟随这一叶的凋落而至，只是我们由此更意识到秋天的来临罢了。

心灵愈是敏锐的人，愈能由小的象征，感应到大的事物。枝头抽出的新绿、阶前微泛的苔痕、午后突来的骤雨、池塘初送的荷香或是草际鸣蛩、夜来霜寒，都能提醒我们季节的更换。

所以世界不是不美，四季不是不明，只要我们细细观察，到处都是文章。

耻为天下第二名手

恽寿平是清代最著名的画家之一，据说他早期是画山水的，但是从见到王石谷之后，自以为山水画不能超过他，于是改而专攻花卉，终于成为海内所宗。在更早以前的唐代也有一位以画火闻名的张南本，据说他原来是与名画家孙位一起学画水，也因为自认不能超过孙位而改习画火，终于独得其妙。

艺术家追求完美，难免有傲骨，耻为天下第二名手，不愿落人之后。像前两者真有才能，舍他人既行的道路，自辟蹊径，独创一家固然最好。但如果不能认清才具，只因耻为人后，就放弃学习，自己又找不到更适当的方向，则是狂妄自大，到头来难免什么都落空了。

链子

许多人都喜欢链子。有的戴在衣服里面，有的挂在衣服外面。戴在里面的常不一定好看，却有着较高的价值，或是具有宗教和纪念意义。戴在表面的常是普通金属制作，却非常精美，为的是装饰和炫耀。

有的人链子只戴里面而不戴外面；有的人挂在外面，里面却没有；有的人则里外都悬挂。大约戴在里面的是给自己看，露在外面的是给别人看。

除了见得到的链子之外，我们每个人都有两条见不到的链子，也是内外各一，但是外面那条可以不要，里面却是必需的。

重音

“重音”在语言中是非常要紧的，重音所加位置的改变，常能造成不同的感觉，譬如以下的句子（引号内是加重音的字）：

“我”请你看戏——不是你请我看戏。

我“请”你看戏——不是强迫你看戏。

我请“你”看戏——不是请他看戏。

我请你“看”戏——不是请你演戏。

我请你看“戏”——不是请你看画。

谁能说语言不是一门艺术呢？

再学

中国台湾名书法家曹秋圃曾经说过：“我十八岁就教人写字，但是自己直到三十二岁才决心练字。”

做老师的人，经常因为执了教鞭，在堂上唯我独尊，又缺乏外来的竞争，而停止进一步的钻研。能如曹秋圃教书十四年之后，仍自知不足，立志“再学”的人，真是太少了。

渐入佳境

唐代名画家阎立本，在荆州看到了梁代大师张僧繇的作品，初见时颇为鄙视地说："张僧繇只是徒具虚名而已。"第二天去看则改口讲："还算是近代画坛的好手。"第三天再去看，却惊叹地说："张僧繇真是名不虚传哪！"从此睡在张僧繇的画下，朝夕参法，十多日才离去。

由此可知，我们对一件艺术作品不能一见就下定论，而当观之、游之、居之，深入玩味，才能得个中奥妙。同时一张好画，初看未必惊人，但能令人渐入佳境，愈看愈有味道。

为人交友不也是如此吗？

竞争

我们逛街的时候，经常可以发现同一性质的商店集中在一块儿。譬如家具街、服装城、书城等。于是总会想，为什么它们要聚在一块呢？这样子竞争激烈，顾客可以比价，岂不麻烦得多吗？如果分散开来，各人雄踞一方，顾客没有邻近的商店比较，又懒得跑老远的路到其他地方，价钱即使高一点，也会买了。

但实际并不如此，据这些商店讲，就因为他们聚集在一块儿，所以有需要的人自然毫不考虑地往这儿跑。也就因为顾客多，销路好而成本降低。更由于可以相互观摩而日新又新地加以改进，甚至共同推展外销。

由此可知，竞争常能促成更大的进步。对手有时正是最佳的伙伴，问题是彼此如何有效地协调合作。

相形见绌

当我教素描的时候，如果对一个学生说："你的画，鼻子表现得很好，其他的地方却欠佳。"过一阵子再去看，很可能会发现，画上最差的却是鼻子，因为他把欠佳的地方不断改进，使得原本不错的鼻子，反而相形见绌了，于是不得不叫他再加强鼻子的描绘。

我们的生活不也是如此吗？当相形见绌的部分加强时，其他原本很好的地方，又相形见绌了。不过也正因为如此，我们不断地改进，生活也就不断地进步。

圣母峰

世界上第一位征服圣母峰[1]的女登山家田部井淳子，在别人问她登上最高峰的感想时说："圣母峰的路是如此狭窄，以致我竟不能将双脚靠在一块儿。"

人生的旅途不也是如此吗？愈是接近高峰的路途愈是狭窄，它甚至不容许我们的双脚站定，做片刻的休止，而必须不断迈出脚步，保持前进的姿态。

悔恨

我们常听人说："如果某年我买了某处的地该多好，现在一定能赚大钱。""如果我当时不从事这样工作，而改行该多好，现在一定能得到相当高的地位。"这种"如果怎样该多好"的句子，似乎人人都会讲。回顾过去，每个人都有许多值得悔恨和惋惜的地方。但是我们却很少听见有人讲"假使我现在如何做，将来可能会怎样""假使我现在不如何做，将来可能会后悔"的句子。

人们总是向后看，然后有悔不完的过去；却很少看现

[1] 珠穆朗玛峰别称。

在，以避免未来的悔恨；更少向前看，用长远的未来弥补过去久已悔恨的一切。

滑行

飞机需要经过跑道的滑行，才能平稳地升空；子弹需要经过枪管与膛线的旋转，才能准确地命中。

求学就如同前两者一样，必须经过长期知识的积蓄，与约束克制的功夫之后，才能达到高深、精练的境界。

年轻的心境

我经常发现，那些爱跟学生谈天说地并生活在一起的老教授，显得比实际岁数年轻得多。因为他们接触的总是朝气蓬勃的学生，学生有着强烈的进取心、求知欲和快速的行动，所以不知不觉地自己也跟着年轻起来。

年轻是一种心境，谁说不对呢？

存书与读书

儿童时，我们自己的书不多，但几乎每本都读过好几遍；少年时，我们拥书较多，但很少有读过一遍以上的；及至成年，存书满柜，看过的却又很少。

小时候我们有许多时间，自己却不能买书，且缺乏理解力；成年的时候金钱和理解力都有了，却常缺乏时间；到了老年，有时间和金钱，只怕记忆力又衰退了。

世间真是少有十全十美的事啊！

为自己活一次

众人间的宁静

为自己活一次

音响与灵感

国画大师黄君璧以画瀑布闻名，尤其是在游美国、南非和巴西，看过尼亚加拉、维多利亚和伊瓜苏大瀑布之后，眼界更开，气势更壮。

我曾经到白云堂[1]时，看见黄大师正在画瀑布，身后放了一台录音机，播放出来的竟然是瀑布滔滔的水声。据君璧先生讲，在画瀑布时，听这万马奔腾的声音，更能引发灵感，拓展境界。而在不知不觉中像是置身千山万壑之间，笔底云烟，腕下飞泉也益发生动。

由此可知，除了音乐，经验中的音响也能在艺术创作时帮助我们唤起意象，引发灵感。

扫除

我曾经访问一位著名的企业家，请教他使家庭、事业兴旺的方法。

企业家在回答问题之前，首先请我到他的办公室参观了一圈，然后说："我对职员有一个严格的要求，就是保持环

[1] 黄君璧的画室。

境的整洁。每当我看到东西的安置不合规矩、杂乱的物品堆积太多时，就要求全公司大扫除。因为唯有在处处窗明几净、事事化繁为简、条理井然的环境之中，大家才能振奋精神、头脑清醒，做事也必然效率高而容易成功，所以我使家庭事业兴旺的秘诀就是经常扫除。”

由扫除环境的脏乱，进而扫除心中的繁杂，这是一件多么简单而重要的事啊！

翻译

我有一篇文章，想翻译成法文。首先找了一位法语系的同学，但是不成功，因为他的中文虽好，能深入理解文章的内容，但法文不够精到，无法尽译。接着我又找了一位法国人来翻，可是也不成功，因为虽然他的法文高明，中文却不行，无法了解需要译的一切。

翻译如此，与人相处不也一样吗？我们总无法脱离“了解别人”与“表现自己”这两件事，缺少任何一者都是不行的。

高速公路

随着时代的进步，高速公路成了必要。高速公路固然能缩短行车的时间，但也有许多必须遵守的规则。譬如速度太慢不能行驶，因为会影响后面车辆的前进；在路上不能随便停车，更不能任意掉头或转弯，否则因为后面的人来不及刹车，就容易肇事。

这个时代不就是如此吗？赶不上的人要被淘汰，未被淘汰的人也必须认定自己努力的方向。只要投入这个讲速度的社会，想更改或停止，就千难万难了。

取古之长

在我教书法的时候，发现许多学生临帖可以写得非常好，但是一离开帖，字就不成样子。原因是他们只注意一时临摹得相似，却不去记取字的结构、布白与神韵，所以离开帖，就忘得一干二净。许多人学画十几年，离开老师的画稿，就无法创作，也是这个道理。

临摹古人，是为了取古之长，为今之用。做任何学问都不能只博一时的快意，而当为自己日后的发展做打算。如果永远在前人的圈子里打转，不可能独立创造，更谈不上自成一家了。

诗的感觉

诗，有狭义与广义。前者是专指文学的一种形式，后者则能用来形容一切幽远、优美，含不尽之意见于言外，引人共鸣而无法述说的事物。

所以我们可以形容一幅画很有“诗意”，一首曲子很有“诗情”，一个人很有“诗心”，或者说有一串非常“诗”的日子。

总之，广义的诗就在我们心中，它不必诉诸文字，也不一定要吟咏在外，只要心中有诗的感觉，眼前的一切就都变得有诗意了。

最难演的一场戏

如果我们把人生形容成戏，那么这场戏就应当是指舞台剧，而非电影。因为我们面对的是活生生的观众，而非摄影机；我们是按部就班地演下来，而不能剪接；我们演坏了就再也无法收回，因为那不能喊 NG。此外比舞台剧更难的是，我们没有剧本，所以不能预知下一刻的发展，更没有排练的机会，因为我们从生下来的那一刻，便步上了舞台。而当剧评家为这场戏写下评语，历史学家盖棺定论时，我们早已随着走下舞台而离开人世了。

人生，这是一场多么难演的戏呀！

邮票

邮票真是最可爱也最伟大的东西了。它们以微薄的身价投入社会，带领着信函、包裹漂洋过海。在完成传递消息与物品的任务之后，虽然因为身上盖了邮戳而无法再为人们服务，却能被爱好者取下，收入精美的集邮簿，与它的兄弟团聚，并和世界各国的邮票和谐相处，且经历的时间愈久，价值也愈高。

人不也当如此吗？

重订

画展里经常有人重订，也就是当自己喜爱的作品被别人订去之后，要求画家再照样画一张。

我认为重订是不太高明的。第一，绘画是艺术品，各有创作时的灵感与心境，硬要复制一张，多半不及原作，所以对不起重订的人。第二，买原画的人，必定希望世界上只有他那一幅，而今照样制作了许多张，当然对不起购原作的人。第三，艺术家胸中自有丘壑，千变万化，包含无尽的灵感与创意，非要强制自己画老套的东西，而不以这些时间抒发新灵感，难免伤品，是对不起自己。

有这三个“对不起”，我们为何要重订，又为何要接受重订呢？

不进则退

我们常说“学如逆水行舟，不进则退”，其实何必以逆水行舟来形容呢，即使是在不会动的陆地上，只要我们有一刻停止，也就是退后。这个退后不是因为陆地的移转，而是由于别人的前进。

所以美好的现实不足以流连，有限的学问也不足以自恃，只要这个世界有一刻在进步，我们的停顿便是落伍。

运用

有的人钱不多，却能以那点小资本赚取更多的钱以致富；有的人学外文不久，却能以少数几句话，闯荡于其他的国家；有的人拥有的词汇不丰，却能以有限的文字写出不朽的诗篇。

金钱、语言、文字都是不会动的，成功与否，全在一个“用”字！

美丽新世界

赫胥黎（Aldous Leonard Huxley）在所著的《美丽新世界》（*Brave New World*）这本书中，幻想未来人类在出生之前就被先分为几种阶级，有的人天生是领导者，有的人天生是推行者，有的人天生是遵行者，各人终生互不侵犯，各守本分，则世界一定能非常美好。

这本幻想小说固然有它偏执的一面，但也有一个值得深思的道理。如果在平等的基础上，我们每个人都能认清自己的能力，不要想遥不可及的事物，在能达到的范围内向上追求，则聪明才力大者服千万人之务而兼济天下，聪明才力小者服一人之务以独善其身，必能使国家社会达到安和乐利的理想境地。

养书千日，用在一时

我有一位朋友，什么都省就是买书很大方，只要看上眼便毫不犹豫地付钱，所以他的存书相当多，如同一个小图书馆。

当我问他如何读那么多书的时候，他回答:“我把书买回去，先大概地翻一遍。有些书如果没时间看，把大纲记下来也就可以了。因为书随时可能用到，突然碰到难题，别人无法解决，我却可以立刻查到，那许多书就像另一个脑海，使我左右逢源。”

我们常说“养兵千日，用兵一时”，对于书何尝不是“养书千日，用在一时”呢？

趣在法外

画家寻找素材的时候，经常带着练习本到处写生，但是回来作成草图却已不是初时写生的东西。至于画成的作品，常又与草图相差甚远。这是因为绘画不是自然物的再现，所以画家可以依自己的想法去组合所见到的一切；但创作时又随时有迸发的灵感与巧思，所以绘画过程中，更有新的创意。

郑板桥有一段关于竹的精辟画论：“江馆清秋，晨起看竹，烟光、日影、露气，皆浮动于疏枝密叶之间。胸中勃勃，遂有画意。其实胸中之竹，并不是眼中之竹也。因而磨墨展纸，落笔倏作变相，手中之竹，又不是胸中之竹也。总之，意在笔先者，定则也；趣在法外者，化机也。独画云乎哉！”也就是这个道理。

惊愕交响曲

有位朋友拿了一卷朗诵诗的录音带给我欣赏，初听时慷慨激昂、感情充溢，但是继续发展下去依然如此，便觉得再而衰，三而竭，索然乏味了。

一首诗的朗诵应当有柔婉轻缓的抒情，才能显出铿锵高亢的激昂。也就如同一幅画的构图，总要有中前景的对比，才能显出后面的平远；有深壑，才能显得山高。这也就是海顿的《惊愕交响曲》在伦敦音乐厅演出时，有轻快舒畅的衬托，而能令人惊愕的原因。

所以无论诗、画、音乐，总不能少了那系人心弦、引人共鸣的律动变化。

自学

有一位由“函授”改“面授”习画的学生对我说，接受面授之后的作品反比以前差了。我惊讶地问：“为什么呢？面授能看到老师当场挥毫与解说，应当比只诉诸文字说明的函授直接得多啊！”

学生回答：“也就因为这样，过去函授时需要苦苦思考的，现在都一看就会，反倒用心不够，懒于思考了。”

刻苦自学的人常比受学校正规教育者，有更深的领悟，大概也就是这个缘故吧！

疾风知劲草

童年时代我曾经在长辈的指引下看过一种竹子，它虽然长得很高大，主干却柔嫩得可以切片炒着吃。从那以后，每次经过竹林，我总要进去找找看，但是因为这种竹子跟其他劲拔坚挺的修竹外表毫无分别，所以我总是怅然而返。

最近在教学生画竹的时候，我又提到这件事，有一位学生马上讲：“找这种竹子太容易了，我以前住在乡下的时候，就常吃这种竹子。”我问他：“难道外表有所不同吗？”学生回答：“没有，平常看来与其他竹子毫无分别，但是只要在狂风过后，到竹林去看，很容易就能发现它。因为别的竹子依然完好，这种竹子却经不起狂风而折断了！”

人不也是如此吗？有些人表面看来十分坚强，在平常绝无法窥透他的内心，但是只要经过大风浪的考验，很自然就显现了他怯懦的本质。古人说“疾风知劲草，板荡识诚臣”“患难见真情”，大概也就是这个道理吧。

争取宁静

我有一位朋友，以行动快速闻名，平常办公、走路总是分秒必争，仿佛有人在后面追的样子。我就问他："你什么事都这样赶，岂不是毫无生活的情调了吗？"

他却笑嘻嘻地回答："你见到的只是我忙碌的时刻，却不知道我还有惬意的一面。当我在家听音乐、喝茶的时候，可以说与世无争，宁静极了。而那段时间的获得，却正是我平常以快速的行动争取来的。岂像许多人做事慢吞吞，连自己当有的休憩时间也浪费了。"

动如脱兔，静若处子，以速度争取时间，真是现代人在忙碌与喧嚣中享受宁静的一种好方法。

年龄与冲力

我们常听见孩子说，"我将来要做领导者""我将来要做艺术家""我将来要做运动员"。但是等他们年龄渐长就不再这么讲了，原因是："我没有领导力""我缺乏艺术细胞""我没有体育天分"。

当然这种改变一方面是因为他们逐渐成熟，认清了自己的才能，一方面是随着年龄的增长，人们考虑的愈来愈多，既缺乏冲力，也怯于学习了。

学习语文的环境

文艺斗士张道藩先生除了中文之外，也精通英、法文。但是当他在1919年11月前往法国的时候，连一句法语都不会讲，英文也相当差，这两种语言可以说是完全在当地学会的，张道藩先生曾经下了很大的苦功。

譬如为了避免经常跟中国同学在一块儿讲中国话，而减少学习英语的机会，他曾经特意找了一所没有中国人的学校就读。1923年为了学习法语，更是特意搬到巴黎去住。

学习语言最重要的就是投身于那种语言的环境。如果能使教室的“读”和“写”，扩展为课外的“听”与“讲”，短暂的学习变为时刻的接触，十人咻之的打扰变为十人教之的环境，学习语言自然就成为很容易的事了。

算命

我向来反对算命，尤其不赞成一种人去算命，这种人遇到算命先生说吉，就欢天喜地认为先生通神。如果碰到不祥之说，则立时面罩寒霜，愤然离去，逢人便骂先生不准，其实自己心中却万分紧张、寝食难安，唯恐如算命先生所言，大祸临身。结果原本没有灾难，因为心生暗鬼，反倒真的触了霉头。

所以我常说，如果算命先生算得准，一种可能是因为你确有此命，所以他如此算；另一种却可能是因为算命先生如此算，所以你有了此命。

照这样说，算命又有什么好处呢？

速度与耐力

同样是赛跑，短跑的健将常不能胜任马拉松，长跑的冠军参加百米短跑也可能殿后。这是因为短跑需要瞬间最快的速度与冲力，长跑则当具有持久的耐力与体能，所以参加赛跑的选手，必须认清自己的长处，选择适当的项目。

除了赛跑，我们做其他事也是如此。有些人手脚利落、行动快速，但缺乏耐力；有的人动作不快，但能按部就班，持久不辍。大约前者适于做短期奏效的工作，后者则可以交付长久的计划，如果相反，便很难有好的成绩。

爱土地

到了伦敦，才了解到电影中那些传统的英国绅士，为什么头上都戴着呢帽，臂上挂着黑伞。因为伦敦是个既多雨又多雾，连呼吸都能感觉到潮湿的地方，外国人去真是难以适应。

但是当我问当地一位老太太，长久地住在这儿，是否不舒服的时候，她却爽朗地回答："不管这儿怎么样，它总是我自己的国家，所以我爱它。"

当我们爱自己的国家时，也当爱这块土地，且是一种执着，一种无条件的爱！

登山

最近有几个大学生因为登山迷途而丧生。当我访问一位登山专家，请他谈谈将来如何防止这种悲剧的时候，他呼吁：

"登山要能进能退，因为山不会动，而人是会动的。今天你登不上去，明天还有机会，如果硬要逞强，丧了命，岂不是永远失去机会了吗？"

认清形势，权衡轻重，不逞一时意气，做更长远的打算，对任何事不都应当如此吗？

布白

书法是我国传统的艺术，学习书法不仅要注意八法，也当观察笔画间的“布白”；不但要使个别的字结构用笔优美，更要考虑到整幅字的粗细变化与位置安排。

如果书法笔画是我们有形的生活，布白就是无形的精神；如果单独的字代表个人，整幅字就是团体。我们唯有使物质与精神相充实，个人与团体相协调，才能成完满的人生。

围棋

我有一位朋友最近突然对围棋很感兴趣，我问他有什么心得，他说:“有一种人在处于劣势的时候，总是巴望对方疏忽，看不出自己的弱点，而这种人多半会失败。另一种人，则面对劣势，仍能沉着镇定、毫不气馁奋斗到底，常能扭转局势，反败为胜。”

由此可知，消极地盼望，远不如积极地创造。

撞球

如果灵感是撞球台上的球，我们就是撞球者。有的人每次只能捕捉到一个，而无法运用它触及其余的球；有的人却能举一反三、触类旁通，引发更多的东西。

当你发现有一只灵感的球滚到面前时，请不要就此满足，而当把握机会，利用它撞下满台的球。

人在苦中不知苦

我们常说“人在福中不知福”，其实也可以讲“人在苦中不知苦”。夏天在空调房中待得久的人，不知道自己多么享福，因为他已经忘了外面的酷热。落后民族生活的一切都很原始，但是并不觉得苦，因为他们不知道外界生活的情况。极地的人常年处在零下的气温中，却十分自在，因为他们已经能够适应。

所以“人在福中不知福”“人在苦中不知苦”，都是因为没有比较。既然能够适应，也就不觉得享福，不感到受苦了！

画品

有一位以画牡丹闻名的画家对我说：“画牡丹有一定的道理。要画五种颜色，表示五世其昌；要多画蓓蕾，象征多子多孙。这样才好卖！”我当时幽默地回他一句：“为了配合‘两个恰恰好’的家庭计划，是否只画两个蓓蕾就够了？”

此外我也听过画鱼的专家讲，鱼最好一次画九条，因为这叫作“九如”，是人们所喜欢的。

艺术的创作应当潇洒自如、心无挂碍。唯有摒除一切干扰，写胸中的逸气，画自己所欲之画，才能成不朽的作品。如果像前两者，未画之前先考虑市场、售价，即使能投观众所好，只怕画品却一文不值了。

昨日、今日、明日

不论一生有多么长，我们所拥有的今天总会比昨天和明天来得多些。因为当我们出生时，没有昨天，昨天还没有来到这个世界。而我们死亡时，将没有明天，明天已经离开了人间。

所以昨日和明日都是难以把握的，我们不能沉湎于已经成为历史的昨天，而当检讨昨日的得失，作为今日改进的参考；更不能依赖不一定属于我们的明天，而当拟订明日的计划，作为今天努力的方向。

小时了了，大未必佳

《世说新语》中，陈韪曾说：“小时了了，大未必佳。”这句话实在是对极了！我们常见一些所谓的天才儿童，不过几岁就被捧为天才，或开画展、音乐会，以示其艺术才能；

或当众表演、计算，以示其数学天分；在国外甚至能不读中学就入大专。但是这些天才当中，获得超凡成就的又有几人？倒是小时候被认为是蠢材的爱迪生成了发明大王。

有超人的聪明者，不见得有超人的抱负，他们常仗恃自己的智力，放弃平实的奋斗；有太多的爱好，无专一的努力；凡事都认为容易，而不去深入思考；念书过目成诵，却毫无自己的见解。加上大人们的虚荣心作祟，在旁一味鼓吹，于是益发造成急功近利的毛病。

发掘这种天才，吹捧这种天才，实在是害了他们哪！

舞台恐惧

新闻采访时，我经常发现有些人在接受访问前十分紧张，甚至直冒冷汗，但是访问开始之后，却愈讲愈顺，反不知停止了。美国的演说名家戴尔·卡耐基也曾说:“在两分钟之前，我宁可挨鞭打也不愿演讲。但两分钟后，我宁愿被枪毙也不愿下台。”许多演员更在演出之前患有严重的“舞台恐惧”(stage fright)，但是一上台就又泰然自若了。

我们常在未经历一件事之前，因为不了解实际的情况，或要好心切，以致患有紧张的毛病。而在实际接触之后，又如脱缰的野马，难以收束。

成败未卜时放松心情，志得意满时节制平和，做任何事不都当如此吗？

尾声

1975 年 7 月 31 日下午 4 点钟，某航空公司班机，由花莲飞抵台北机场降落时，因为发生差误，落地后又偏离跑道，而毁成三截，造成二十七人死亡，大部分人重伤的惨剧。事后生还者表示，当时因为飞机已经降落地面，许多人认为平安抵达而立即解开了安全带，所以造成这样严重的伤亡。

我们做事往往在接近尾声时，认为已经成功而放松了精神，岂知这一刻却常是生死成败的关键啊！

情绪与身体

情绪与身体是相互影响的：高昂的情绪，足以激发身体的潜能；低落的情绪足以萎靡强健的身体；良好的身体状况，常能使人能有更和悦的情绪；内部的隐疾，又总表现在反常的情绪之中；愤懑的情绪，常在一番运动之后，得以宣泄；疲劳的身体，常在一片愉情之中，得以恢复。

由此可知，要想身体好，先要有愉悦的心情；要求平和的情绪，必先保持健康的身体。而每当我们心情莫名地焦躁，体能明显地衰退时，在责怪环境或营养之前，先得检讨一下自己的身体与情绪。

天才

我的学生当中有许多人被称为“天才”，不过大半因为缺乏持续力，以致半途而废。朋友们看到了，总是说可惜这个天才没有继续努力，否则一定能成功。但是我却认为应该讲，就因为他缺乏持续力，所以不是天才，因为超人的毅力是成为天才的必要条件。这也就是美国著名舞蹈家玛莎·葛兰姆（Martha Graham）八十一岁那年听到别人说她是天才时，所说“每一个人都是天才，只是某些人仅有五分钟热度，我的热度却维持到八十一岁”的道理了。

价值与美感

我有位朋友前些时候买了一幅古人名画，朝夕玩味，沉湎于幽美的画境之中，认为那是天下无双的神品。但是最近经鉴赏家认定为赝品之后，竟突然间觉得那幅画一无是处，草率地卷起而束之高阁了。

人们真是奇怪，他们不以内心感受为依据，而常以表面价值来审定美。对画如此，对人也一样。

独自承担

据说印第安人爬山，如果不幸失足，即使是坠入深谷，也不会发出惊叫，为的是避免他人受惊而产生危险。

对于无可挽回的厄运，独自承担，这是一种成熟，也是壮烈的表现！

现在

对于时间来讲，我们每个人所拥有的只是“现在”而已。因为过去的时间无法追回，未来的时间，无法逆度。我们的行为，只是以现在的动作加上下一刻的动作而继续；我们的语言，只是以现在所讲的字，加上下一刻所讲的字相连贯。

对于遭受意外的人而言，他很可能现在还有生命，下一刻却已死亡。所以现在的一刻虽然短暂，却是多么重要啊！

去成功

每当我看到这三个字，就有很大的感触。我们不能成功，常是因为自己不去争取，以为成功是可遇而不可求的。即使努力的人，也总认为成功不可预卜。岂知命运是由我们创造，只要积极地奋斗，就能成功。西洋有句名言："伟人之所以伟大，是因为他认定自己必须伟大起来。"我们也可以讲"成功者之所以成功，是因为他'去'成功了。"这两句话听起来不是很合逻辑，实际却表现了积极进取的精神。

文过饰非

当我在教国画的时候，经常发现有些学生极力掩饰自己作品上的缺点，有时画得差，干脆就不拿出来了。遇到这种情况我便对他们说："初学画总免不了缺点，否则你们也就不必学了！这就好比去找医生看病，是因为身体有不适的地方，看医生时每个病人总是尽量把自己的症状说出来，以便医生诊断。学画交作业给老师，则是希望老师发现错误，加以指正，你们又何必掩饰自己的缺点呢？"

不择细流的才能成江海，不耻下问的才能致渊博，不文过饰非而接纳雅言，才能达到尽善的境界。

安全感

对于一个跳高的选手来讲，他可以轻易地跃过两米的杆，却百分之九十不敢跳等高的墙。

对于一个跳远的选手来讲，他可以轻易地纵过七米的沙坑，却多半不敢越等距离的河。

人的能力，在缺乏安全感和信心的情况下，是很难发挥的。

遗忘时间

我有一对朋友，先生做生意，整年在外忙碌，妻子是艺术家，终日沉湎于绘画，奇怪的是两个人都不容易老，看起来比他们实际岁数年轻得多。我有一次问到他们的养生之道，他们的答案非常巧妙：

“忙碌使人忘了时间，艺术使人感觉不到时间，既然时间已经不被记起，便像是静止般地不易催人老了！”

客观的检讨

经常写作的人都有经验，文章写完不要急着发表，而当收起来，隔一阵子再看。因为创作时太过主观，常难于自见，只有当心情冷静之后，才能明显看出其中的错误。

我们做其他的事不也是如此吗？刚完成的工作，除了立即检讨之外，更可以在经过一段时间之后，做通盘反省，以求更客观的发现。

青年才俊

我们常用“青年才俊”这个形容词，被称为青年才俊的人固然值得高兴，但也当告诫自己：“如果我现在是青年才俊，三十年后，固然已经不是青年，但还能不能算得上是才俊呢？同样的成就，在青年时，别人可能对我大加称道，到了老年，若仍然如此，还会有人赞美我吗？”

王守仁小时候作了一首《蔽月山房》，被赞为天才，如果成年后不能更精进，也就算不得什么。所以幼时的天才，青年常不过碌碌。青年时的才俊，老年时也可能尔尔。人不可一刻惑于自己眼前的成就，而当不断开拓更高的境界。

众人间的宁静

当我们进入图书馆的时候，看到里面坐满了人，却没有丝毫声息，常会被那种出奇的宁静所震住。此刻仿佛一支笔的滚动、一张椅子的挪移，都能造成最大的噪音，甚至连空气都有被凝固的感觉。但是当大家离去，只剩自己一人的时候，应当是更为无声的图书馆，却好像反不如原先的静谧了。

由此可知，宁静常不仅决定于声音，还包括自心的感觉。在群众之中所获得的宁静，有时甚于一人独处，因为那种宁静更具有庄严、神圣的力量。

观察

哑巴不会说话，常不是由于声带不好，而是因为没有听觉。

缺乏见解的人，常不是由于智商太低，而是因为没有观察。

临渴掘井

电话局查号台的小姐，应当是最忙碌的了，她们整天不停地为市民查号，难得有半刻的空闲。我曾经访问一位查号小姐，有什么办法能够使得工作轻松一点，她回答："只要打电话的人查号之后，不要急着立刻拨号，而以几秒钟时间，把查到的号码用笔记下来，避免日后再查同一号码，就能减少许多查号台的工作，而且也可以为打电话的人，节省许多时间。"

这不是大家常犯的毛病吗？我们总是急于解决眼前的

问题，而不为日后的同一问题着想；常临渴掘井，却不未雨绸缪。

砺石与纸张

磨刀的时候，用的常是比刀更坚硬的石头；使刀用久而钝的因素，却常是一些柔软的东西。所以用砺石磨成的锋刃，很可能钝于长久切割纸张，需要再以砺石磋磨，才能恢复锐利。

伟大的人格与抱负，需要艰苦的历练；令人消沉堕落的因素，却常是舒适环境中一些无足观的小事。只有以困苦来磨砺自己，才能不断获得新生的力量。

欣赏的角度

我有一年前往韩国庆州的石窟寺。当我站着观看那古老的佛像时，寺中的住持走近说：

“你应当跪在佛像正前方的位置，才能得到他的精神。这不是叫你膜拜，而是因为佛像都是以求神者的位置设想而雕塑的。所以站着看时，令你感觉下垂的眼睑，跪着看就成了俯视的慈晖。”当我照着做了之后，果然如他所说。

由此可知，艺术品的欣赏常要在某个特定的角度或距离，才能获得十足的神韵。

得失安足论

我某日去拜访一位艺术界的朋友，当时他正跪在地上作一张相当大的画。因为纸的面积很广，他不得不在上面爬来爬去，十分辛苦。我问：“你这样辛勤地作画，是不是一定能成功呢？”他笑着回答：“如果我成功，没有什么话好讲，因为别人在玩乐的时候，我却在艰苦地奋斗。如果我失败了，也没什么好说，因为我已经尽了自己的力量。”

这真是两句发人深省的话，人生在世，仰不愧于天，俯无怍于地，中不疚于自己，得失便无足论也。

协助与警告

做父母的人应当有一种认识，当刚学步的孩子在前面跑而有摔倒的危险时，大人最好由后面轻轻跑上去，把孩子抓住，而不要在后面大声呵斥。因为孩子往往受此一惊，不但不能稳住，反而摔倒了。

同样的道理，当别人有可能产生错误，而重心不稳时，积极的协助，常比警告与责骂更有用处。

卸妆

演戏的人，上台之前常需浓妆艳抹，涂上许多油彩。而演完的第一件事，就是卸妆，恢复本来的面目，避免油彩伤害皮肤。

如果五花八门的社会是我们人生的舞台，每天回家的第一件事也就是卸下我们虚伪的装扮。这样既能恢复真实的面貌，更能避免世俗的混沌伤了我们的心。

依赖性

有一位朋友到补习班补英文，据说接受的是电化教育，而且很有效果。但是当我问他是怎么个特殊教法时，他却说就是看电视剧、电影。我说那何不在家看电视呢，他说："电视台播的外国影片总打中文字幕，既有字幕就懒得注意听了，所以不易进步；而在补习班里播的闭路电视，没有字幕翻译，所以逼得自己用心，进步当然快速。"

人都有依赖性，而这正是学习中最大的障碍啊！

真真假假

看到太大的苹果，就以为是蜡做的；见到太美的风景，则说它像是一幅画；听到太好的消息，又疑惑自己是在梦中。

人类就是这么妙，碰到太好的事物，就怀疑它是虚幻的。总以“真得发假”来赞美真的，又以“假得逼真”来歌颂假的，大概这就是“真真假假”的道理吧！

认定方向

我有一次坐在车上看到旁边一辆空出租车违规肇祸，就抱怨地说：“空车没有载客应该从从容容地开才对，为什么还这样漫无章法呢？”正在驾驶的司机却侧过脸回答：“就因为是空车，所以容易出事！空车的驾驶员因为急于找客人，总是东张西望，注意力不集中；有时正要左转，心想右边客人或许多些，又临时改为右转，所以速度虽不见得快，却最易出事。倒是载了客人的车子，司机心里有一定的方向，纵使开得快些，也不容易肇事。”

多么有道理啊！人生不也是如此吗？认定方向的人，速度快而平稳；没有志向而彷徨犹豫的人，不但速度慢，而且容易出错。

计划自己

有一位长跑名将在参加国际比赛获得金牌之后，我问他获胜的秘诀是什么。他回答："刚起跑的时候，不要一味想超越别人，即使观众不断为你加油，即使你落在最后几位，只要认清自己的体力，存着无比的信心，就照自己计划的速度跑。直到后几圈，再全力冲刺，必能获胜。至于那些一起步就求快的人，虽然在前几圈出尽风头，但因为开始时消耗太多体力，后来力不从心，反倒可能落到最后一位。"

认识自己、把握自己、计划自己，不受任何外来事物的影响。运动场上如此，人生的战场不也一样吗？

冲力与经验

开车的人多半知道，刚出厂的车虽然所有的零件都新，马力也大，却不适宜爬山。因为机器运转未久，齿轮之间不够圆滑，过度用力容易受损，必须在平地跑过相当一段时日之后，才能胜任爬山的重负。

为人处世不也是如此吗？初出茅庐的小伙子，固然冲力大、干劲足，但是经验不够，应变能力差，不适宜突加重任。必须等他在普通工作中熟悉一段时间之后，才能适应非常的情况。

抢戏

演戏的时候最怕一种会抢戏的演员，因为他们的演出过火，即使在不需要他讲话的时候，也要挤眉弄眼，吸引观众注意。结果自己出了风头，整出戏的力量却减弱了。

处世也是如此，该我们讲话的时候尽可发表，非以我们为主的场合，就当保持缄默。如果个人主义思想太浓，处处要求表现，反倒会使整个团体受到影响。

天才与流星

常听人说天才多半体弱而短命，其实这是不正确的说法。据专家研究，天才往往有比一般人更好的体质，只是常因为用功过度，而伤害了自己的身体。

传说在唐代有“诗鬼”之称的李贺[1]，每天一大早就外出发掘灵感，偶有心得则写在纸条上投入锦囊，回家之后再彻夜整理，除非大醉或家里有丧吊的事绝不间断。他的母亲见他这样用功，曾担忧地说：“这孩子恐怕要呕出心血

[1] 李贺（790—816），字长吉，唐昌谷人，著有《李长吉歌诗》等。

来，才肯停止。”果然李贺在二十七岁就死了。

天才常像是流星，以最快的速度和璀璨的光亮，留给世人最深的印象。或许正是因为他们有着更炽烈的情感、锲而不舍的态度和不到力竭绝不终止的持续力，所以能创作惊天地、泣鬼神的作品，而成为天才。但也总是留给世人如果他们略加保养身体，不那么早逝，恐怕会有更多好作品出现而影响更深远的惋叹。

拒谏与饰非

商纣王是历史上有名的暴君，据史书记载，他“智足以拒谏，言足以饰非”，可见是多么聪明而娴于辞令了。也就因此，他不听信忠言，一味胡行，终于被周武王所灭。

在我们的社会中，也经常有这种人。当朋友劝告他的时候，总会想出一大番说辞反驳；有了错误，则想尽办法掩饰。结果只有愈陷愈深，无可挽救。

所以“智足拒谏”，是才智，非明智；“言足饰非”，是善辩，非明辨。

美容

我们经常可以发现，有些影星歌星隔一阵就会变个长相，如果看到他们以前的照片，简直不敢相信是同一个人。这是因为他们喜欢美容，美了鼻子，就觉得眼睛不好；美了眼睛，又觉得脸型不对。结果外貌“或许”是愈来愈美，却已经失去了天生的自然。

我们一般人不也常是如此吗？有了金钱就想名誉，有了名誉又希望地位。结果人或许是愈来愈发达，却已经失去以往惬意的生活。

灯光

研究戏剧的人常说：“演员是舞台的生命，灯光是舞台的灵魂。”灯光可以强调主体，塑造性格、分隔时空，更可以烘托戏剧的气氛。灯光是一曲无声的音乐、一幅无形的绘画，它如同魔术的笔，神奇地渲染了舞台的世界。如果你是一个灯光的控制者，那支魔术的笔便握在你的手中，每当按下一个电钮，便赋予剧场一些新的生命。

强烈的“聚光灯”[1]崇高了演员的地位；绿色的“泛光灯”[2]，移来了最美的春天；底幕一抹红色，带来了嫣然的晚

---

[1] 一种装有凸透镜或反射器，以集中光线，照射舞台上特定区位的灯，照射范围较小、光线较强。

[2] 灯罩开口大，不装透镜，照射范围较广，用为一般照明。

霞；半片深蓝的“糟灯”[1]，垂下了幽深的夜幕。随着你的手，由一曲梵唱到一首交响诗，那么自然地流入舞台，引领观众的情绪进入更深的境界。虽然你只是一个隐在剧场角落不受注目的人，但那种快乐与满足该是多么的强烈呀！

人生若是一场戏，生活的环境便是舞台，我们是其中的演员，人与人之间的爱情、亲情、友情，则是灯光。为了使这场戏演得更精彩，为了更美化我们的生活，岂能不注意情感的灯光呢？

酿酒

我曾经在外国参观一所著名的酒厂。在引导大家参观的过程中，厂主得意地指着其中一桶酒说：“这桶酒已经有三十年的历史，滋味醇美极了，当然价值也相当高，可惜只有一桶。”当时同行有人问：“三十年并不算长，起初为什么不多酿几桶呢？”

厂主笑着说：“当年我们酿的何止几桶，而有几百桶之多。可是因为大家等不及地想喝，只好一桶桶地开，所以

[1] 又称“条形灯”，是将泛光灯排列在长条灯槽中，以做为台脚、台边和底幕照明之用。

真正能保存到现在，而达到最醇美境界的仅此一桶。如你所讲，三十年诚然不长，但人的耐性却更短哪！”

为学就好比酿酒，起步时大家程度相当，但是因为满足或急于表现，许多人都半途停止了。真能长远计划，持之以恒，达到最高境界的，只有少数人而已。

大胆与工谨

提到齐白石，就令人想起他红花墨叶的“简笔画”。其实，白石老人早年是由工笔入手的，有时细到连人物纱衣里透出的锦缎花纹都能表现出来，更由于他擅长画工笔仕女，而有“齐美人”的雅号。

任何一个成功的艺术家，早期都是由工细写实入手。不论西洋的素描或中国的临摹，总要先充实自己观察表达的能力，取前人的章法，然后才能由繁入简，由纤细秀美而豪放朴拙。如果想一入手就用笔脱略，故作潇洒，是不可能有好成绩的。这也就是毕加索与张大千晚近作品虽构图简单、用墨大胆，而早期却细腻工谨的道理了。

爱的世界

在人类的情感当中，“爱”是最伟大的。它缩短了人与人之间的距离，维系了一个祥和的社会。透过爱的双眼，丑陋的事物也变得优美。

爱的种类很多，有父子爱、母子爱、夫妻爱、兄弟爱、朋友爱、宗教爱。小到爱自己、爱家人，大到爱国家、爱人类，整个世界都充满着爱。

爱是最复杂的情感，但是也可能最单纯；爱是恒久忍耐，但也可能容不了一粒尘沙。爱起于自私而终于牺牲；起于爱自己，而终于爱他人。爱可以扩而大之，所以能“移孝作忠”；爱可以转化，所以恋情能升华为友谊；爱可以随着程度的不同而变得更深沉，所以夫妻间有所谓“恋爱”“恩爱”与“怜爱”，耶稣基督更教我们爱自己的敌人。爱大约开始时总是冲动炽烈的，愈久变得愈含蓄，所以有人形容爱像酒，经历的时间愈长愈醇美。当然酒也可能变成醋，那是最糟糕不过的，因为“爱”的近邻就是“恨”。

爱是爱你所爱的人，也是爱你爱人所爱的，只有让小小的爱如此连串地延伸下去，我们才能拥有一个大的“爱的世界”。

狮子座·流星雨

我在美国教书的时候，常在校园里遇见国内去的留学生，老远便对我行个礼，说:“刘老师好，我从小就看您的书。”

我想，他们所说的书，必定是《萤窗小语》。今天在中国台湾，三四十岁的人，大概在中学时多半看过这本我最早期的作品。更令我惊讶的是，三年前，当我去昆明演讲的时候，台下黑压压一片，挤了四千多人，人群中居然举着五个大大的牌子，上面写着“萤窗寄小语”，可知这本小小的书，在中国大陆也有了极多的读者。

说来惭愧，虽然《萤窗小语》是我的成名作，但是十五年来，我只再版了前三集的选集，并经三次修订。至于后面的四五六七集，则早已绝版。实际上《萤窗小语》是阶梯丛书，可以说后面四集更深入也更精彩。正因此，我决定今年把后四本交给“超越出版社”，重新编校设计，并由每本书中取一篇作书名，使之另成系列。再加上我即将完成的新作《捕梦网·生命的启示》，总其名为“刘墉金边书”。

时间真快！由我大学毕业那年，动笔写这本《萤窗小语》，到现在已经足足三十年了。昔日少年今白头，只是“独立三边静”的时刻，仍然觉得宝剑未老。

想起辛稼轩的词——

“凭谁问，廉颇老矣，尚能饭否？”欢迎大家看我下面新旧交互出现的“金边系列”。在夕阳余晖中，云彩的金边，可能依然华处；在夕阳消逝后，或许还有更令人惊喜的——

狮子座·流星雨……

春山如笑，夏山如怒，秋山如妆，冬山如睡。

四山之意，山不能言，人能言之。